辽河拗陷大民屯凹陷古近系碎屑岩储层沉积学特征

林春明　黄舒雅　张　霞等　著

U0283428

科学出版社

北京

内 容 简 介

本书以沉积岩石学、沉积学和石油地质学等为理论指导，综合利用地质、测井、试井、地球物理和储层测试等资料，采用粒度、岩石薄片、染色薄片、铸体薄片、扫描电镜、电子探针、X射线衍射、元素地球化学等技术手段，以渤海湾盆地东北部的辽河拗陷大民屯凹陷古近系沙河街组地层为研究对象，研究了沙河街组沙三段碎屑岩储层的沉积相和沉积演化、物质来源和成岩环境、成岩作用和主控因素，以及储层形成演化机制，进行了储层分类评价与有利区预测，深入研究了陆相盆地的碎屑岩储层沉积学特征，为油气勘探开发提供了更多储层地质信息和科学依据。

本书在陆相盆地碎屑岩储层沉积学的研究方法、研究过程等方面均有创新认识和学术价值，是一部理论联系实际的学术专著，可供地质相关科技工作者、高等院校师生阅读和参考。

图书在版编目(CIP)数据

辽河拗陷大民屯凹陷古近系碎屑岩储层沉积学特征 / 林春明等著. —北京：科学出版社，2023.1

ISBN 978-7-03-073697-0

Ⅰ.①辽… Ⅱ.①林… Ⅲ.①辽河盆地–碎屑岩–储集层–沉积学–研究 Ⅳ.①P618.130.2

中国版本图书馆CIP数据核字（2022）第205419号

责任编辑：王 运 / 责任校对：何艳萍
责任印制：吴兆东 / 封面设计：图阅盛世

科学出版社 出版
北京东黄城根北街16号
邮政编码：100717
http://www.sciencep.com

北京中科印刷有限公司 印刷
科学出版社发行 各地新华书店经销

*

2023年1月第 一 版 开本：787×1092 1/16
2023年1月第一次印刷 印张：12
字数：300 000

定价：168.00元
（如有印装质量问题，我社负责调换）

本书作者名单

林春明　黄舒雅　张　霞

江凯禧　夏长发　张　妮

前　言

　　油气是一种重要的能源矿产和战略资源，在世界经济发展中占有重要地位。21 世纪，各国对未来全球油气资源供求形势和安全问题十分关注。陆相碎屑岩盆地是我国含油气盆地的主要类型，对其内油气资源的勘探，最终目的是把存储在碎屑岩储层中的油气高效地开采出来，对盆地内碎屑岩储层的岩石学特征、物质来源、沉积特征和演化、成岩作用、物性特征、岩石学与物性关系、储层分类评价与有利区预测等研究就成为碎屑岩储层沉积学的主要内容。

　　本书以沉积岩石学、沉积学、储层沉积学和石油地质学等为理论指导，综合利用地质、测井、试井、地球物理和储层测试等资料，采用粒度、岩石薄片、染色薄片、铸体薄片、扫描电镜、电子探针、X 射线衍射、元素地球化学等技术手段，以渤海湾盆地东北部的辽河拗陷大民屯凹陷古近系沙河街组地层为研究对象，研究了沙河街组沙三段碎屑岩储层的沉积相和沉积演化、物质来源和成岩环境、成岩作用和主控因素，以及储层形成演化机制，进行了储层分类评价与有利区预测，深入研究了陆相盆地的碎屑岩储层沉积学特征，为油气勘探开发提供了更多储层地质信息和科学依据。本书研究内容主要包括以下五个方面。

　　(1) 明确大民屯凹陷古近系主物源来自北东方向。对沈 84—安 12 区块静 66-60 井、沈检 5 井和沈检 3 井沙河街组沙三段 $S_3^4 \text{II}$、$S_3^4 \text{I}$ 及 $S_3^3 \text{III}$ 等 3 个油层组岩石的岩屑组成特征进行分析，识别出变质岩岩屑和沉积岩岩屑，以变质岩岩屑为主，变质岩岩屑类型与研究区以北太古宇变质岩的岩性组成特征一致。沈 84—安 12 区块 S_3^4—S_3^3 亚段重矿物指数（ZTR）、稳定系数及组成特征均指示主物源方向为北东向。

　　通过对沈检 5、沈检 3、沈检 1、静观 1、静 2、静 13、静 19、静 20、静 44、静 45、静 59、静 61-29、静 66-60、静 67-49、静 69-41 和静 71-33 等 16 口取心井沙三段 $S_3^4 \text{II}$、$S_3^4 \text{I}$ 及 $S_3^3 \text{III}$ 等 3 个油层组的 1327 m 岩心的观察，发现主要岩性有砂砾岩、含砾砂岩、粗砂岩、中砂岩、细砂岩、粉砂岩、泥质粉砂、粉砂质泥岩及泥岩等 9 类。平面上粗粒沉积物厚度由北东向西南显著递减，细粒沉积物厚度显著上升，指示物源方向为北东向。

　　沈检 5 井 $S_3^4 \text{II}$、$S_3^4 \text{I}$ 及 $S_3^3 \text{III}$ 油层组 68 个岩心样品的主微量元素分析表明，稀土元素（REE）配分曲线显示出大致平行分布的特征，说明物源基本一致。Zr/Sc-Th/Sc 和 La/Sc-Co/Th 图解，显示碎屑岩母岩介于变质长英质火山岩和变质花岗岩组分之间，并受到变质安山岩的影响。主量元素组成特征揭示碎屑岩母岩主要来自变质石英岩物源区和长英质物源区。砂岩中硅铝矿物成分主要为石英、钾长石、斜长石、伊利石等矿物，反映源区所经历的化学风化作用较弱而物理风化作用较强，佐证物源搬运距离较短。

　　(2) 确定了大民屯凹陷古近系沙河街组沙三段沉积相、沉积演化和砂体空间分布。沙三段主要发育浅水扇三角洲前缘亚相沉积，划分为水下分流河道微相、水下分流间湾（富砂）微相和水下分流间湾（富泥）微相，不发育河口砂坝和席状砂微相。$S_3^4 \text{II}$ 油层组水下分流河道砂体最为发育，砂体厚度大，连续性好，水下分流间湾（富砂）型微相发育；S_3^4 I 油层组水下分流河道砂体发育，砂体厚度较大，连续性较好，水下分流间湾（富砂）微相亦较为发育，S_3^4 II 到 S_3^4 I 油层组沉积水体深度具有变深趋势，但变化较小。S_3^3 III 油层组明显与 S_3^4 II 和 S_3^4 I 油层组不同，水下分流间湾（富泥）微相较为发育，水下分流河道砂体发育较差，砂体厚度较薄，砂体连续性相对 S_3^4 II 和 S_3^4 I 油层组要差，沉积水体加深。主微量元素分析揭示，在宏观沉积演化上，从 S_3^4 II 到 S_3^3 III 油层组沉积期，气候为干热型且古温度为上升趋势，水体盐度也呈上升趋势，水体氧化还原性为弱还原-还原状态。

建立了沙三段砂体空间叠置模式和连通关系。沈 84—安 12 区块化学试验区扇三角洲前缘水下分流河道砂体宽度研究表明目的层 S_3^4 II 和 S_3^4 I 的水下分流河道砂体宽度主要介于 100 ~ 200 m 之间。化学试验区 S_3^4 II、S_3^4 I 及 S_3^3 III 油层组主要发育水下分流河道、水下分流河道间砂和水下分流河道间泥这三种构型要素。构型间界面类型主要为泥质隔层、河流底部冲刷面、泥质夹层及钙质夹层。水下分流河道单砂体的叠置模式分为侧向和垂向两种，侧向的组合分为孤立型、对接型、切叠型三种类型；垂向的组合分为削截式水下分流河道、完整式水下分流河道叠置两种类型。S_3^4 II 油层组砂体的连通性最佳，S_3^4 I 油层组次之，S_3^3 III 油层组较差。

（3）明确了储层岩石学特征、成岩作用和成岩演化。沈 84—安 12 区块化学试验区 S_3^4 II、S_3^4 I 及 S_3^3 III 油层组储层岩石主要为长石岩屑砂岩，其次为岩屑长石砂岩、岩屑砂岩。碎屑成分以石英、长石、岩屑为主，岩屑组分较为复杂。粒间主要为泥质杂基、自生黏土矿物和钙质胶结。自生黏土矿物主要有伊蒙混层、高岭石和绿泥石，伊利石多为沉积成因，极少量为成岩自生矿物。碳酸盐胶结物包括方解石、含铁方解石、铁白云石和极少量菱铁矿，主要呈斑点状或嵌晶状充填于颗粒之间。硅质胶结主要以石英次生加大和自生石英两种形式出现。铁质胶结以自生草莓状黄铁矿为主，仅部分层位发育。砂岩分选中等，磨圆度多为次圆-次棱角状，支撑方式为颗粒支撑，颗粒间接触关系以点-线接触为主，少部分呈现凹凸接触。岩石结构普遍表现为成分成熟度偏低，结构成熟度中等的特点。S_3^4 II、S_3^4 I 及 S_3^3 III 油层组砂岩、砂砾岩储层处于早成岩 B 期阶段，成岩作用类型主要有压实作用、胶结作用、溶蚀作用和交代作用四种。其中，压实作用和胶结作用对储层破坏较大，溶蚀作用对储层质量起建设性作用，交代作用对储层影响不大。成岩演化序列为：①黄铁矿胶结；②早期方解石胶结（或与压实作用同期）；③压实作用；④油气充注；⑤溶蚀作用、石英次生加大、自生黏土矿物形成及其转化；⑥硬石膏沉淀；⑦晚期含铁方解石胶结；⑧含铁方解石向铁白云石的转化。

（4）S_3^4 II、S_3^4 I 及 S_3^3 III 油层组砂岩、砂砾岩储层的孔隙可分为原生孔隙和次生孔隙两种类型。原生孔隙主要为残余原生粒间孔隙和原生杂基中的微孔隙，是三个油层组的主要储集空间，占总孔隙的 70% 以上。次生孔隙较少但类型多样，主要表现为粒间溶孔、粒内溶孔、自生矿物晶间孔和微裂缝几种类型，其中粒内溶孔最为发育，多与砂岩、砂砾岩、含砾砂岩中不稳定组分（长石和岩屑等）的溶解有关。喉道类型有孔隙缩小型、缩颈型、片状和弯片状喉道，其中以缩颈型和片状喉道为主，孔隙缩小型和弯片状喉道相对较少。排驱压力和中值压力小，孔喉分选较好，平均孔喉比较小，均质系数高，平均孔隙直径大。S_3^4 II 油层组孔喉组合类型为大孔-中喉较均匀型，S_3^4 I 和 S_3^3 III 油层组孔喉组合类型为大孔–粗喉均匀型。从孔喉组合类型来看，S_3^4Ⅱ、S_3^4Ⅰ油层组的孔隙结构略优于 S_3^3Ⅲ油层组。

S_3^4Ⅱ、S_3^4Ⅰ和 S_3^3Ⅲ油层组砂岩、砂砾岩储层孔隙度在 3.4%~30.8%，中值为 22.2%；渗透率最低值为 $0.03\times10^{-3}\,\mu m^2$，最大值为 $6254.00\times10^{-3}\,\mu m^2$，中值为 $132.5\times10^{-3}\,\mu m^2$。三个油层组优势孔隙度和渗透率区间无明显变化，孔隙度均集中在 20%~25%，渗透率主要区间为 100×10^{-3} ~ $1000\times10^{-3}\,\mu m^2$，属中孔中渗储集层。目的层孔隙度和渗透率均呈线性关系，但相关系数较小。S_3^4Ⅱ、S_3^4Ⅰ、S_3^3Ⅲ油层组储层孔渗相关系数分别为 0.1502、0.3706、0.2315。S_3^4Ⅰ油层组的相关系数依次大于 S_3^3Ⅲ、S_3^4Ⅱ，孔渗相关性递减，孔喉连通性变差。较低的孔渗相关性反映了溶蚀作用对储层物性改善有限。

（5）储层物性受碎屑颗粒、黏土矿物和成岩作用特征等方面影响。砂岩粒度大小与物性存在明显的正相关关系，粗砂岩的孔渗性明显好于中砂岩，中砂岩的孔渗性好于细砂岩，细砂岩好于粉砂岩。砂岩储层黏土矿物与砂岩储层的孔隙度呈弱的负相关，但对储层的渗透率影响明显增大，随着黏土矿物含量的增加，砂岩储层的渗透率明显降低。埋藏成岩过程中各种成岩作用对砂岩的原生孔隙保存或破坏以及次生孔隙的发育都产生一定影响。其中，使储层物性变差的成岩作用有压实作用和胶结作用，使储层的储集性能变好的成岩作用有溶蚀作用。机械压实作用所破坏的原生孔隙度平均为 23.20%；胶结作用破坏原生孔隙度平均占总原生孔隙度的 22.91%。压实作用和胶结作用对储层质量影响相当，使得原生孔隙损失了 45%左右，大部分原生孔隙得到保留。

储层质量受沉积、成岩两方面因素的影响，沉积作用主要体现在沉积微相的控制。在相控的基础上，压实作用和胶结作用进一步影响储层物性，致使孔隙度和渗透率降低。经评价，研究区内目的层的有效储层以Ⅰ类、Ⅱ类储层为主，含少部分Ⅲ类储层。其中Ⅰ类和Ⅱ类储层主要分布在扇三角洲前缘水下分流河道微相中，Ⅲ类储层主要分布在水下分流河道间湾（富砂）微相中。

本书是笔者及其科研团队近年来在辽河拗陷大民屯凹陷古近系碎屑岩油气勘探开发方面部分科研成果的总结，是集体劳动的产物。其中，第 1 章由黄舒雅和林春明执笔，第 2 章和第 3 章由林春明、江凯禧、黄舒雅、张妮执笔，第 4 章由林春明、张霞、江凯禧、夏长发、黄舒雅执笔，第 5 章至第 7 章由黄舒雅、林春明、张霞、江凯禧、夏长发执笔。全书由林春明、张霞负责汇总编辑。参加本书研究工作的还有陶欣等，赵雨潇做了校对、排版和部分图件清绘。

衷心感谢杨立强、李铁军、李晓光、武毅、张新培、樊佐春、龚姚进、郭平、崔向东、宋柏荣、蔡超、刘佳、郑阳、郭军、李程、张明君、范锋、倪志发和单芝波等同志的支持和帮助。本书引用了许多前人资料，在此向他们表示衷心的感谢。最后希望本书所述研究方法、学术成果和认识，能对陆相盆地碎屑岩储层沉积学和油气勘探开发提供借鉴和参考。

目　　录

第1章 绪 论

1.1 储层沉积学

1.1.1 储层沉积学基本概念

储层沉积学（Reservoir Sedimentology）是从沉积学派生出来的一个应用学科分支，如同人们所熟知的层序地层学一样。它指综合利用地质、地震、测井、试井等资料和各种储层测试手段研究油气储集体形成的沉积环境、成岩作用及形成机制，分析与确定储层的地质信息，提高油气勘探与开发效果的一门综合性学科。它主要是研究碎屑岩、碳酸盐岩、火山岩和基岩储层的形成、演化、分布，及其成分、结构、构造等基本特征的一门科学，是沉积学理论与油气勘探开发实践密切结合的结果（赵澄林，1998）。一般来讲，石油和天然气生成于沉积岩中，也主要储集在沉积岩中。从沉积岩石学、沉积学以及岩相古地理学角度出发，深化对各类油气储层形成的研究，可以为油气勘探开发提供更多科学依据，因此，对储层沉积学的深入研究有着重要的理论和实际意义。储层沉积学的任务是应用沉积学理论和相分析方法与手段，描述各种环境下形成的油气储集体的沉积特征及其非均质性，是沉积学和储层地质学的一个重要分支，属于应用沉积学（Applied Sedimentology）的范畴（赵澄林，1998）。

1.1.2 储层沉积学发展

储层沉积学的发展与石油工业息息相关，随着石油勘探开发工程的不断深入，作为油气藏三大要素之一也是唯一贯穿整个石油勘探开发过程的地质因素的储层逐渐受到地质学家的重视。随着20世纪60年代世界上一系列大油气田的发现，石油地质学家和油藏工程师希望以较少的钻井资料，对油气储层的特征与分布做出较为正确的评价与预测，并在勘探开发中取得较好的经济效果，这就要求对油气藏尤其是储层的空间展布与内部物性的变化规律做出科学的描述和预测。由于这些实际生产的需要，运用沉积学来解决石油勘探开发中的储层特征描述及分布问题的方法就应运而生，而且立即引起石油地质学家和油藏工程师们的高度重视，储层沉积学也就随之诞生了。当然对这一学科的问题和内容，沉积学家们早已有很多关注和著述，但是最早以储层沉积学内容为主题在国际学术会议上专门开展讨论的则是美国石油工程师学会1976年秋季年会，主要论文发表于《石油工艺杂志》1977年7月号，当时编者以新的"里程碑"评价这一期刊物，正式以"储层沉积学"命名的是1987年SEPM出版物（裴亦楠，1992）。70年代后期，随着石油工业的迅速发展和各种测试手段的涌现，储层沉积学逐步走向成熟，储层沉积学的发展从传统注重储层地质研究角度，向综合应用多学科知识发展，至今已成为一门综合性学科，涵盖地质学、沉积学、地球物理、地球化学等学科，从碎屑岩和碳酸盐岩储层研究对象逐渐扩展为火成岩、变质岩等特殊储层，极大地丰富了储层沉积学的研究内容（杨仁超，2006），在油气勘探开发的实践中得到许多成功的应用。80 年代产生了一大批储层沉积学的著作和成果，20世纪末，美国著名石油工程师 Richardson 把储层沉积学列为 2000 年提高石油采收率的五大关键因素之一。

我国开展储层沉积学研究也始于 20 世纪 70 年代初期，为适应大庆油田进入全面注水开发阶段，首先开展了大型湖盆河流–三角洲砂体储层的工作。随着以渤海湾盆地为主的东部油气田的不断发现和开发，储层沉积学也得到了相应的飞速发展。由于我国的石油地质特点是现有的产油盆地都属陆相湖盆，90% 以上的石油储量赋存于陆相碎屑岩储层中，因此，我国储层沉积学一开始就有着自己的特色（裴亦楠，1992）。我国以《储层沉积学》命名而出的书则是 1990 年原中国石油天然气总公司科技情报研究所翻译的 1987 年R. W. Tillman 等人编写的论文集，所涉及的内容则是从沉积学的角度来讨论提高石油采收率的地质问题。80 年代中期在裴亦楠先生的倡导下，原中国石油天然气总公司设立了"中国油气储层研究"的大课题，它不仅讨论油气开发中提高采收率的问题，同时还涉及油气勘探开发中许多针对储层研究的沉积学问题。它标志着中国的油气储层沉积学走向了成熟，并且进入全面开花的崭新时期。可以说，今天储层沉积学已应用到油气勘探开发各个阶段储层的综合评价中，并从石油领域拓展到其他矿产的评价与预测之中（于兴河，2002）。

1.1.3　储层沉积学展望

目前，新的勘探方法和分析手段提供了详尽而可靠的地质、地球物理、地球化学、油层物理、测试分析等数据。为储层沉积学向多学科、多手段综合研究方向发展创造了条件，使储层研究成为全面、系统的工程（纪友亮，2015）。经过约 50 年的深入研究，储层沉积学进入了全面发展时期，即从勘探到开发各个阶段，从宏观到微观，从定性到定量全方位地对储层进行描述和预测。研究角度更加精细，研究方向更加全面，研究手段更加智能（杨仁超，2006）。研究对象从碎屑岩到碳酸盐岩，再到火成岩、变质岩，从陆相储层到深水、海相储层，从传统的石油天然气资源到页岩气、生物气和可燃冰等非常规天然气，储层综合研究是油气精细勘探开发的先行军。

传统地质学认为，油气储集层一般为高孔渗性的碎屑岩储集层与碳酸盐岩储集层，极少有火山岩甚至变质岩储集层。但在几十年的研究中发现，火山岩储集层低孔渗性的基岩在石油的赋存中体现了越来越重要的作用。碎屑岩储层作为最为常见的油气储层类型之一，目前其研究取得良好的进展，特别是近年来对于碎屑岩储集性能的研究取得了一个较为完整的认识。一般而言，原生孔隙在碎屑岩成岩作用过程中会大量减少，因此，在碎屑岩储集层中次生孔隙就显得尤为重要。有机酸和无机酸的作用使长石、黏土矿物等溶解，碱液作用下使石英溶解，表生作用下渗滤作用、循环对流作用及深部热液作用等对碎屑岩次生孔隙的形成有着重要作用（林春明，2019）。有人通过研究渤海湾盆地歧北斜坡沙河街组沙三段碎屑岩储集层指出，碎屑岩储集物性受物源供给、沉积相带和成岩作用三大因素控制，物源供给与沉积相带主要控制浅层（<3000 m）碎屑岩原生储集性能，成岩作用与异常高压主要控制中深层（≥3000 m）碎屑岩次生储集孔隙（汤戈和柳飒，2016）。由于储集层存在纵向上和横向上的不均质性，因此，储层渗流单元的划分在油气勘探开发中的作用显得尤其重要，碎屑岩储层渗流单元的成因研究和体系划分将成为今后储层地质学研究的一个方向（杨仁超，2006）。碳酸盐岩储层具有比碎屑岩储层更为严重的非均质性，正是裂缝和孔洞的渗透作用构成了碳酸盐岩裂缝–孔洞型储层。裂缝和孔洞是碳酸盐岩储层中最为重要的孔隙类型，对油气运移和储存起到重要作用，因此，碳酸盐岩的裂缝成为现今的研究热点之一，主要表现在裂缝的识别、几何参数的计算、裂缝发育程度和有效性的预测等方面（许同海，2005）。李德生（2001）利用"数字地球"现代化的信息技术来整合地球科学数据资料，包括地下地质信息、测井信息、地震信息和遥感信息等，解释出的裂缝和孔洞系统与产油气带吻合性很好。在 20 世纪 90 年代末期，随着油气勘探开发事业的发展，火山岩储集层研究开始兴起。由于不同学科之间的交叉、测试技术和计算机技术的发展及实验模拟设备的完善，火山岩的研究完全脱离了纯岩石学的范畴，而越来越重视含火山盆地的环境分析并应用火山地质学理论（谢家莹等，2000），谭开俊等（2010）从火山岩的矿物成分、化学成分、岩石结构、岩石系列类型与演化趋势以及火山作用、火山岩相与相模式、火山机构与火山构造等方面进行研究。这些火山岩储层的特点是产层厚、产率高、储量大。火山岩中还发现了数量可观的天然气，具有很大的储量和潜力（侯贵卿和孙萍，2000）。王全柱（2004）对惠民凹陷商河地区火山岩储层的裂缝产状及储层特征进行研究，确定了火成岩储层的评价方法，确定了四类储集层，指出有效裂缝带。张文杰等（2019）对准噶尔盆地东部北三台凸起地区石炭纪火成岩的研究认为，石炭纪的长期风化淋滤过程是储层形成的关键，是优质储层发育的必要条件，凸起高度和斜坡坡度决定了淋滤作用的强弱；海西期后形成的走滑断裂，控制着储层中后期构造裂缝的发育，对储层渗流能力有一定程度的改善。火山岩储层有其特殊之处，如发育原生的气孔和裂缝、在酸性条件下易溶成分含量高有利于形成次生孔隙、遭受埋藏前风化淋滤作用的改造等；甚至沉积岩中火山物质成分的存在有利于阻止粒间孔被硅质充填、促进孔隙的保存等。火山岩储层地质研究方面，在完善火山地层单元的原型模型、储层成因刻画方面还需要加强研究，如火山岩储层特殊的岩浆上升过程和喷发过程对于原生孔缝的形成过程及原生孔隙的控制因素分析，以及开展次生孔隙演化的压实、风化和胶结作用等单因素量化分析。基岩储集层由几种类型的岩石组成，这些岩石包括不同成分的岩浆岩（从酸性岩类到超基性岩类）、喷出岩和岩墙，以及不同变质程度的原生沉积岩和火山沉积岩（杨仁超，2006）。在一定的地质条件下，可能形成发育有良好孔渗性的基岩，在此条件下可能形成基岩油气藏，这些工业性的结晶基底油气藏很大程度上与花岗岩类（花岗岩、花岗闪长岩、浅色闪长岩）有关（侯贵卿和孙萍，2000）。我国任丘油田、渤海地区以及西伯利亚、中亚和越南油气田基底的有关资料以及世界其他地区公布的资料都表明，上述岩石中储层的形成是若干种不同作用的结果。基岩储层的形成是由交代作用、收缩作用、构造作用、岩浆期后作用及表生作用等作用形成的。

随着仪器设备和实验方法的进步、地球系统科学的兴起和大数据时代的来临，储层沉积学将会迎来新的发展变革。储层研究将以微观发展带动宏观的进步，更加深入地精细刻画储层物性，并利用先进的计算机手段复刻储层的成因过程、流体渗透过程、配合生产动态化研究，为实际开发提供成熟的方案。深入的微观研究意味着储层研究更为精细，微观孔隙结构、孔隙中的黏土杂基及自生黏土矿物等不仅对驱油效率有明显的影响，还会对储层产生不同程度的伤害，多种成岩作用对储层物性的多重影响和成岩相的划分界定一定程度上又决定了开发方法的采用，这一系列因素要求精细研究储层的微观非均质性（赖锦等，2013）。另外，由定性分析走向定量分析是不可阻挡的趋势，目前国内外将储层沉积学的重点放在讨论建立储层地质模型的技术问题上，模拟和建模技术一直是计算机研究的前沿技术，三维建模技术结合地震技术和测井技术可以更好地再现储层的整体结构，随着微观认识的加深，数值模拟可以发展精细的储层表征与建模技术，在非常精细的尺度上认识储层不同级别的非均质特征，对储层内部性质、驱油模式有更好的研究成果，为油田开发提供依据。大数据时代计算机技术的迅速发展，使得机器学习和深度学习方法解决地质学问题成为重要的研究方向，这为储层研究的智能化和多样化提供了物质前提。基于统计学方法，大数据和机器学习的加入可以更好融入模拟和建模之中，发现地质数据之间的深层联系，提高数据分析能力和模型效果。国内储层地质建模研究已走过 30 年，随着油气藏开发类型的丰富、开发程度的深入以及多学科的协同发展，对地下地质条件的认识将会不断加深、对储层结构的刻画将会更加准确，储层地质建模将迎来更大的发展。中国储层地质建模未来发展方向体现在：①深化基础理论研究；②完善建模技术和建模方法；③加快推进建模软件的国产化（贾爱林等，2021）。此外，多学科协同研究以及新型交叉学科的兴起必然是储层沉积学发展的又一大趋势，在过去储层研究过程中，沉积学、层序地层学、测井地质学、地震地质学、地球化学等学科与储层沉积学的交叉融合极大促进了储层综合研究的发展，并且产生了地震储层学、储层地球化学等新兴学科。大数据时代的来临和人工智能的发展带来了新的机遇和挑战，精细储层综合研究必将与多种学科、技术手段的发展齐头并进、交融渗透。未来的储层沉积学一定是集精细化、智能化、立体化为一体的服务于油气勘探与开发的综合性学科。

1.2　储层沉积学的研究方法

沉积岩石学的研究方法包括野外和室内两方面，野外和室内要紧密结合。野外研究极其重要，是室内研究的基础，室内研究是野外研究的继续和深入，也是对野外初步认识正确与否的检验，定量分析和综合研究是使沉积岩石学不断向前的有效方法（林春明等，2021）。野外研究可初步鉴定沉积岩（物）的颜色、岩性、结构和构造，测量岩层厚度和产状，观察岩层之间的接触关系及其他成因标志等；并将所观察内容做详细记录，编制剖面图，结合其他学科知识，对沉积岩（物）的成因、沉积环境等进行初步解释和判断。室内研究主要是利用各种仪器和技术方法在微观方面对沉积岩进行观察、测试和分析，以提高地质研究的深度、广度和精确度（林春明等，2021）。

储层沉积学的研究对象是沉积岩石的一种类型，即储集体，其研究方法也包括野外和室内两方面，野外和室内也要紧密结合才能把储层沉积学做得更好。当所研究的储层在盆地周缘或附近有出露时，野外研究是一种既直观又相对准确可靠的良好方法，相同沉积体系的露头研究对推理地下油气储层特征，尤其是宏观特征具有积极作用或理论指导意义。具体地，野外研究可以对剖面露头进行沉积相标志分析，基于露头的储层构型研究是通过剖面观察、镜下薄片观察、粒度分析等方法明确储层岩石学特征（岩石颜色、结构、层理等），还可以应用露头沉积特征和手持伽马能谱仪进行层序界面识别，在剖面上划分岩相类型和不同级次的构型界面，分析单砂体内部在垂向上的岩相序列组合特征，通过测量单砂体的宽厚比，用定量研究的方法明确不同储层构型单元的规模、露头沉积特征，垂向岩相组合以及构型单元在剖面上的叠置特征（曹晶晶，2020）。除了传统的地质野外调查方法，也逐渐发展起了一些新的技术手段。如利用三维激光扫描技术研究露头区裂缝发育规律和探讨其主控因素，为认识裂缝宏观分布提供了新手段，其耗时短，数据量大，可操作性强，能够有效建立数字化露头模型和定量获取建模参数，极大地提高了解释精度和准确性（曾庆鲁等，2017）。

　　一般来说，储层沉积学室内研究方法主要包括地质学、地球物理、地球化学和交叉学科方法等，近年来随着仪器和分析手段尤其是计算机手段的发展，储层沉积学也逐渐从定性走向定量，从宏观走向精细，多种新兴交叉学科得以涌现，因此，可以用交叉学科方法予以补充。

1.2.1 地质学方法

　　储层沉积学的地质学方法主要是矿物成分与结构分析，其多基于细致的薄片观察与鉴定。薄片主要包括普通岩石薄片、铸体薄片及荧光薄片。普通岩石薄片鉴定可对岩石成分、结构构造、成岩作用等进行分析，并最终定名。铸体薄片和图像分析主要应用于储层储集空间研究，包括孔隙类型、孔隙含量、孔隙连通性、喉道的分布以及孔喉关系等。荧光薄片主要应用于判别烃类的产状和含量、生油岩成熟度判别、油气的运移方向以及油水界面等。近年来有人以砂岩薄片微观图像为例，研究了岩石颗粒与孔隙系统数字图像识别、定量化和统计分析方法（刘春等，2018）。通过多颜色分割和去杂等操作获得二值图像；提出改进的种子算法来封闭特定直径的孔喉，并自动分割和识别不同的孔隙和颗粒；引入了概率统计的方法，实现了由二维颗粒面积计算颗粒系统的三维分选系数；使用概率熵和分形维数分别来描述颗粒和孔隙的定向性和形状复杂度的变化等（刘春等，2018）。此外，粒度作为沉积岩最基本和最主要的结构特征，是影响储层物性的重要因素（邓程文等，2016）。沉积物粒度分布特征是衡量沉积介质能量，判别沉积环境和水动力条件的最基本方法之一（潘峰等，2011）。常用的粒度分析方法有直接测量法、筛析法、沉降法、场干扰分析法和图像法，储层岩石的粒度分析通常采用普通薄片分析法测量碎屑颗粒的粒径和含量。除了薄片研究及粒度分析等常规的方法外，还不断涌现出一系列先进的测试手段，如扫描电镜、电子探针、X 射线衍射、阴极发光、色谱–质谱分析、核磁共振岩心分析等实验测试技术，推动了储层研究不断向更精细、更多样的领域发展（林春明等，2021）。

水槽实验自 20 世纪初用于研究水动力条件以来，解决了许多砂体形成的成因机理问题，该实验仍是沉积学中一个重要的基础试验手段。中国在 20 世纪 70 年代末，老一辈石油地质学家、沉积学家就提出建立水槽沉积模拟实验室的设想，在八九十年代一些石油院校建立了水槽沉积模拟实验室，主要是模拟各类砂体的形成机理，在完成各类砂体形成机制的基础上，继续做改变构造、地形、水力学参数等因素的沉积模拟实验，研究砂体几何形态特征，建立各类砂体形态、规模和展布的物理模型、数学模型；同时，把沉积模拟实验与地震研究结合起来，建立砂体的正演模型。此外，水槽沉积模拟实验，还模拟沉积水介质动力的强弱，河流、三角洲、浊流沉积的地貌和地质特征，以及在此动力条件下沉积物波痕、层理等一些沉积构造现象。

1.2.2 地球物理方法

1. 地震方法

地震沉积学是以现代沉积学、层序地层学和地球物理学为理论基础，利用三维地震资料及地质资料，从沉积角度研究地层宏观沉积特征、沉积体系发育演化、砂体成因和分布、储层质量及油气潜力的一门交叉地质学科（林承焰等，2017）。其中，储层作为沉积单元的一部分得到描述。在地震沉积学的不断发展中，为更好地将地震方法用于储层表征，形成了一门新的交叉学科——地震储层学，其是在储层地质和地球物理理论的指导下，基于储层地震实验，将地震与地质有机结合，研究储层的岩性特征、外部形态、储集空间类型、物性特征及所含流体特征等在三维空间的特征和演化规律，从而实现储层的表征与建模（卫平生等，2014）。储层地震预测、流体预测、储层建模和三维可视化是地震方法应用于储层精细研究的几大关键技术。地震正演模拟、反演技术、地震属性综合预测、分频解释等手段的结合可明显提高储集层预测精度，定量表征砂体厚度、分布和形态等，分析预测储层质量。缝洞雕刻、裂缝预测及叠前 AVO（振幅随炮检距变化）技术可以明确储层中裂缝的宏观展布特征、预测裂缝发育的密度和方向及储层非均质性。流体预测即基于地震资料，利用 AVO 分析、波阻抗反演、高频衰减异常等方法开展储层储集性能和地层流体变化研究。储层地质建模是将储层的地质形态、结构、参数等进行定量化的一种技术手段，其利用地震资料在地层格架约束下，对储层各类参数进行井间的横向预测。三维可视化技术是通过对三维地震数据体显示参数的调整和处理，使三维地震属性体迅速地将目标体显示出来，其可以实现储层建模结果即储层各类参数的空间展布，直观地展示沉积储层等地质体的特征（朱筱敏等，2020）。

2. 测井方法

地球物理测井技术贯穿油气勘探开发全过程，测井系列包括电阻率、中子、密度、温度、核磁共振、自然伽马、声波、成像测井等。测井方法除进行沉积相分析，还可以利用测井数据和资料来求取储层物性参数，在实际操作过程中，使用不同的测井曲线可以计算不同岩性的储层孔隙度、渗透率及含油饱和度等。随着测井方法在储层沉积学中的广泛应用，与之相配套的评价方法也不断发展，结合相对应的数值计算模型甚至是机器学习方法，可以利用测井数据对储层的有机碳的含量、微观孔隙结构、构造裂缝、成岩相等内容进行研究（申本科等，2014；王濡岳等，2015）。

3. 建模和模拟

在对储层不同层次的非均质性进行分析的过程中，储层沉积学应用定性或定量的方法，采用建模这一先进的技术以达到对空间展布预测的目的。数值模拟则以反映储层油气运动规律的油气运移数值模拟和反映储层成岩作用的数值模拟较为常见（张乐等，2021；王文广等，2021）。对于物理模拟，宏观上有基于成藏阶段反映油气运聚过程的非均质储层成藏模拟和开发阶段反映水驱油过程的储层剩余油分布模拟（刘逸盛等，2020；郑定业等，2020）；微观上有反映油在水湿介质中运动的"优势通道"模拟和研究孔隙结构非均质性对剩余油分布影响的微观水驱油实验。成岩数值模拟的研究内容主要包括储层成岩环境参数、物理化学作用和孔隙度演化三个方面。成岩阶段的划分可以借助于盆地模拟软件中埋藏史、热史和压力史分析结果，以成岩环境参数为基础，建立成岩演化模型和数值模拟系统，将这些成岩环境参数物理变量转化为定量化地质变量。基于流体-岩石物理化学作用的效应数值模拟是在温度、压力和应力条件下再现多阶段多期流体与岩石的物理化学作用研究，模拟多阶段多期反应体系中单一矿物或多个矿物溶解带来的体积减小与沉淀造成的体积增加之间的相互关系。孔隙度演化模拟是耦合正演盆地模拟和成岩作用模拟的技术，有助于探究理解整个地质历史时期受压实、胶结和黏土矿物转化等作用约束下的孔隙度演化过程。

1.2.3　地球化学方法

利用主微量元素、同位素特征研究储层的成因机理、流体运移示踪、判断有机质成熟度等（李让彬等，2021；沈安江等，2021）。在与地球化学交叉发展的过程中，形成了储层地球化学分支学科，其直接描述储层内石油的注入和混合过程、沥青的出现对孔隙度和渗透率的影响、储层内石油的种类和空间分布以及储集砂体的连通性等重要信息，研究内容涵盖水-岩相互作用、生物降解作用及有机-无机作用等。地球化学方法的研究结果能够帮助确定储层流体的连通性、油气充注史、储层中产出的流体的变化、单个产层带的分布及多个产层带中单层的产能贡献等重要信息。此外，还可以解决天然气藏中非烃类化合物、烃类气体、生物成因气和煤层气的形成、排出问题，混源气中不同成因气的比率确定及有机质热降解的化学研究等一系列问题。

1.2.4　交叉学科方法

1. 层序地层学

储层沉积学中的层序地层学，尤其是高分辨率层序地层学已成为地层成因解释和地层对比的一个有用工具，通过高分辨率层序地层学分析可以建立地层形成和演化的等时地层格架，将储层对比研究纳入该等时地层格架中，有利于进行储层的精细描述与对比。高分辨率层序地层学理论和技术在储层沉积学研究中的应用主要包括以下方面：①勘探阶段。主要利用露头、钻井、测井、地震、地层古生物、地球化学等多种资料综合分析，建立等时地层格架，进行盆地范围的地层对比分析、盆地模拟和储层预测。②油气藏开发阶段。依靠岩心和测井资料，在高分辨率层序地层格架中进行油气藏规模的储层精细对比。③储层非均质性研究。由于储层岩性、几何形态及连续性等是在沉积过程中产生的，储层在层序中的位置不同，储层的规模、分布、原始物质特征和物性特征均不相同，精确的地层对比可以在时空四维坐标中对这些特征有更清楚的认识。④利用层序地层学原理和方法划分储层级次。⑤储层成岩作用研究。储层在层序格架中的不同位置沉积，其原始物质组成、物理特征和孔隙介质的物理化学性质均有较大差异，用层序地层学原理和方法指导储层成岩作用和孔隙演化特征研究，为储层成岩研究提供了一种新的思路和方法（杨仁超，2006）。

2. 大数据方法

随着数据科学的持续发展，数据的获取、共享和分析能力都得到了巨大的进步，在各个领域引发了广泛的讨论，并成为一种日渐重要的研究方法。数据的价值越来越得到凸显，人们会想办法反复地、高效地、更深层次地挖掘数据蕴含的信息。在储层研究领域，精细油藏描述研究中收集的海量数据为大数据技术的应用提供了丰富的数据基础和条件。目前，大数据技术已广泛应用于国内外储层研究中，在岩心岩相分类、地层自动精细划分对比、地震资料解释、储层沉积微相（或储层构型）自动批量判别、测井精细批量二次解释、聚类分析储层综合定量评价、油气甜点预测和多点地质统计学三维地质建模等多个方面都有显著的进展（李阳等，2020；陈欢庆等，2022）。除了大数据技术在储层研究中的应用，人工智能的出现开启了探索建设智能油田的时代，当前国际油公司都在大力推动智能油田的发展，建设完整、准确、及时、唯一的数据库并开展以管理数据库为主的信息化建设工作，解决了勘探开发工作过程中资料的快速收集、统计、查询及诊断预警，这也为精细储层研究指明了方向和路径。

在充分吸收、消化、综合前人研究成果基础上，以沉积岩石学及石油地质学理论为基础，运用沉积学、元素地球化学、储层地质学的技术和分析方法，从岩心及其化验分析资料出发，利用钻井、录测井、区域地质等资料，首先确定沈 84—安 12 区块化学试验区目的层 $S_3^4 II$、$S_3^4 I$ 及 $S_3^3 III$ 等 3 个油层组各类岩性体岩石学特征、沉积环境及沉积相变化规律，进而进行沉积体系分析和沉积演化分析，探讨砂体空间展布特征，同时利用常规薄片、铸体薄片、扫描电镜、电子探针等资料对储层微观结构进行精细表征和评价（图 1-1）。

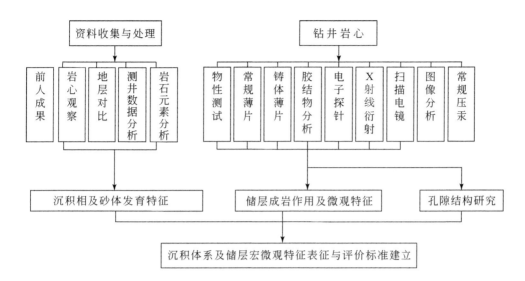

图 1-1 储层精细描述与评价技术路线

第2章 区域地质概况

2.1 地理概况

辽河拗陷地理上位于中国渤海湾盆地东北部（Huang et al., 2021），由3个正向构造单元（西部凸起、中央凸起和东部凸起）和4个负向构造单元（西部凹陷、东部凹陷、大民屯凹陷和沈北凹陷）组成（图2-1），为新生代陆相沉积盆地（赵贤正，2004；李晓光等，2017），总面积约$3.7×10^5$ km^2，是当今世界上最大的典型陆相沉积盆地之一（林春明等，2020）。

辽河拗陷大民屯凹陷静安堡构造带沈84—安12区块，地理位置位于辽宁省境内的下辽河平原地区，距沈阳市区（北纬41°48′11.75″、东经123°25′31.18″）约25 km，东部为辽东丘陵山地，北部为辽北丘陵，地势向西、南逐渐开阔平展（图2-1）。沈84—安12区块地理位置上紧邻沈阳市区。沈阳市属于温带半湿润大陆性气候，年平均气温6.2～9.7 ℃，自1951年有完整的记录以来，沈阳极端最高气温为38.3 ℃，极端最低气温为−35.4 ℃。沈阳全年降水量600～800 mm。受季风影响，降水集中在夏季，温差较大，四季分明。冬寒时间较长，近6个月，降雪较少。夏季时间较短，多雨。春秋两季气温变化迅速，持续时间短，春季多风，秋季晴朗。沈阳位于中国东北地区南部，地处东北亚经济圈和环渤海经济圈的中心，具有重要的战略地位。以沈阳为中心，半径150 km的范围内，集中了以基础工业和加工工业为主的沈阳、辽阳、本溪、抚顺、铁岭、鞍山、新民、灯塔八大城市，构成了资源丰富、结构互补性强、技术关联度高的辽宁中部城市群。沈阳拥有东北地区最大的民用航空港、最大的铁路编组站和最高等级的"一环五射"高速公路网。沟通世界各大港口的大连港、正在开发建设的营口新港和锦州港，距沈阳均不超过400 km，具有得天独厚的地理区位优势，作为东北中心城市的沈阳，对周边乃至全国都具有较强的吸纳力、辐射力和带动力，是长三角、珠三角、京津冀通往关东地区的综合交通枢纽和"一带一路"向东北亚延伸的重要节点。城乡交通便利。

2.2 地质概况

2.2.1 区域地质背景

渤海湾盆地是一个中、新生代盆地，位于华北克拉通的东部地块上（李三忠等，2010）。辽河拗陷是以前新生界潜山和古近系为主要勘探目的层的含油气拗陷，位于渤海湾盆地东北部（李军生等，2006；孟卫工，2006；林春明等，2019a；张妮等，2021；江

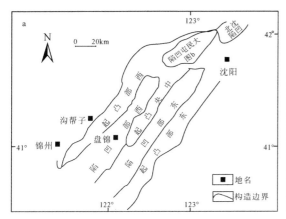 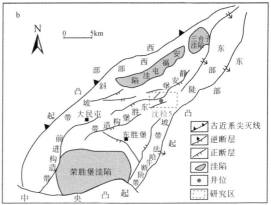

图 2-1　区域构造位置图（改自 Huang et al.，2021；江凯禧等，2021）

a. 辽河拗陷构造区划图；b. 大民屯凹陷构造区划图

凯禧等，2021；Huang et al.，2021）。辽河拗陷北以内蒙古—兴安岭造山带与松辽盆地相隔，东面以依兰—伊通断裂带与辽东隆起相邻，西接燕山造山带，是渤海湾新生代裂谷系的重要组成部分。辽河拗陷地处东经 120°～123°13′，北纬 41°41′～42°之间，陆上面积约 12400 km²，地表略呈北高南低，向南延伸至渤海湾（图 2-1a）。根据古近系底面古地貌、主要断裂特征及拗陷沉积与沉降特点，辽河拗陷被划分为 7 个主要次级构造单元，分别是沈北凹陷、大民屯凹陷、西部凸起、西部凹陷、中央凸起、东部凹陷和东部凸起（图 2-1a），总体上呈北东向展布（李晓光等，2017，2019），形成"四凹"和"三凸"的构造格局。

大民屯凹陷位于辽河拗陷的东北部，面积约 800 km²，平面上似椭圆形，呈南宽北窄特点，四周为边界断层所限，是在太古宇花岗片麻岩、混合花岗岩和元古宇碳酸盐岩组成的基底之上发育的中、新生代小型陆相凹陷（武毅等，2017）。凹陷内沉积地层最大厚度约 6600 m，位于荣胜堡洼陷（图 2-1b）。

大民屯凹陷构造演化研究表明，晚白垩世—古新世为凹陷的热拱张期；始新世—渐新世为凹陷的断陷期，可细分为初陷—深陷幕（沙四段—沙三段时期）、衰减幕（沙一段时期）与再陷幕（东营组时期）；新近纪—第四纪为盆地的拗陷期（黄鹤和田洋，2009）。

凹陷进一步划分为西部斜坡带、曹北斜坡带、东侧陡坡带、法哈牛断裂带、安福屯洼陷、静安堡—东胜堡构造带、荣胜堡洼陷、三台子洼陷及前进断裂半背斜构造带（图 2-1b）。大民屯凹陷含油气丰度较高，是我国东部著名的"小而肥"含油凹陷，也是闻名于世的高蜡高凝原油的生产基地（陈振岩等，2007）。凹陷内已勘探发现太古宇、元古宇及古近系沙四、沙三段等多套含油气层系，是多种类型油气藏垂向叠置、平面上叠合、连片的复式油气富集区，其中前古近系潜山和古近系砂岩是最重要的产层（陈振岩等，2007）。

静安堡—东胜堡构造带位于大民屯凹陷中部，以断裂为界分为四个区块，分别为静安堡区块、沈 84—安 12 区块、边台区块和东胜堡区块（辛世伟，2009）。研究区沈 84—安 12 区块为辽河油区高凝油主力区块，位于大民屯凹陷静安堡构造带南部（图 2-1b），为一断鼻状半背斜构造，含油面积为 12.7 km^2（图 2-2），动用石油地质储量为 4.434×10⁷ t，主力含油层位为沙三三亚段（S_3^3）和沙三四亚段（S_3^4），油层埋深为 1275～2375 m，油藏类型为构造岩性油藏（刘家林等，2017）。

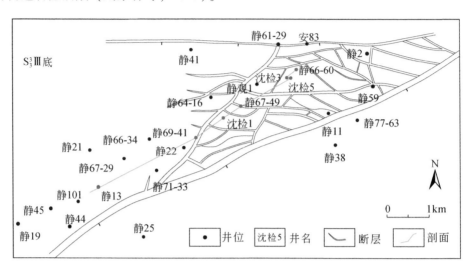

图 2-2　沈 84—安 12 区块断层发育特征和连井剖面位置图（修改自张妮等，2021）

2.2.2　地层特征

大民屯凹陷由下至上依次发育太古宇、元古宇、中生界及新生界的古近系、新近系和第四系地层，基底最大埋藏深度达 6600 m（孟卫工，2006）。太古宇是大民屯凹陷基底的主要地层，形成了一系列北东向潜山带。变质较深的片麻岩及其混合岩是大民屯凹陷太古宇的主要岩性，其次为浅粒岩和变粒岩。元古宇分布在静安堡北部地区，呈近东西向走向。中生界仅在西部的局部地区发育，其他地区仅有零星分布。古近系以陆相扇三角洲–湖泊环境沉积物为主，为多旋回的砂泥岩沉积建造。古近系自下而上分为房身泡组、沙河街组四段、三段、一段及东营组（孟卫工，2006）。新近系自下而上分为馆陶组和明化镇组，厚度一般为 800～1000 m。馆陶组以厚层砂砾岩为主，夹少量砂质泥岩，在东部凹陷大平房地区有玄武岩分布。明化镇组下段较细，上段较粗，以砂、砾、泥岩互层为主。第四系主要为平原组，为粉砂质泥岩夹黏土、泥砾层与砂砾层间互，成岩程度较差（任作伟，2007）。

大民屯凹陷油气资源除赋存于潜山储层外，主要赋存于古近系砂岩储层中，是本书重点研究层位。以下分别对各段地层主要特征进行阐述（表 2-1）。古近系主要为房身泡组、沙河街组和东营组。

房身泡组是大民屯凹陷古近纪初始裂陷的产物，时代为古新世至早–中始新世，可分为上下两段。下段以发育碳质砂泥岩和煤层为特征，分布范围有限。上段主要为玄武岩夹红色泥岩，大部分地区均有分布，厚度不等，总体上表现为南厚北薄的变化趋势。与上覆沙河街组和下伏前古近系地层均呈不整合接触。本组顶部绝对年龄测值 46.4 Ma，下段测值 56.4~65.0 Ma（梁鸿德等，1992）。

表 2-1　大民屯凹陷新近系和古近系地层简表（据孟卫工，2006，有改动）

系	统	组	段	亚段	厚度/m	主要岩性	主要沉积相	古气候
新近系	中新统	馆陶组			300~500	灰白色块状砂砾岩夹薄层灰绿色泥岩和黄绿色泥岩及亚黏土，砂砾岩疏松，泥岩松软	冲积平原	
古近系	渐新统	东营组			200~590	岩性以灰白色砂砾岩、含砾砂岩为主，与灰绿、暗紫红色砂质泥岩不等厚互层	冲积平原	温暖潮湿气候
		沙河街组	沙一段		200~400	主要岩性为浅灰色、紫红色泥岩与灰白色砂岩，含砾不等粒砂岩。含华花介、真星介等化石	泛滥平原	
	始新统		沙三段	沙三一	0~350	浅灰色砂砾岩、含砾砂岩、细砂岩、粉砂岩与紫红、棕红、灰绿、深灰色泥岩、深灰色碳质泥岩不等厚互层。含盘星藻，单刺华北介	泛滥平原	亚热带潮湿气候
				沙三二	150~400	灰白色砂砾岩、含砾砂岩、细砂岩、粉砂岩与深灰、棕红、紫红、灰绿色泥岩不等厚互层。含盘星藻，单刺华北介	泛滥平原	
				沙三三	100~700	浅灰色含砂砾岩、细砂岩、粉砂岩与深灰、灰绿、紫红色泥岩互层。含介形类为延长远伸玻璃介、单刺华北介、显瘤华北介、弓背真星介等；阶状似瘤田螺；藻类为盘星藻、粒面球藻、光面渤海藻、平滑具角藻等；孢粉为水龙骨单缝孢属、栎粉属和榆粉属等	（扇）三角洲、湖泊	
				沙三四	100~800	浅灰色细砂岩、粉砂岩与深灰、褐灰色泥岩互层。介形类为美丽星介、曙光美星介、柳桥土星介；孢粉为松粉、桦粉和杉粉等	湖泊、扇三角洲、冲积扇	
			沙四段		300~800	大套厚层暗色泥岩为主，夹深灰色油页岩、灰白色砂砾岩、细砂岩、粉砂岩。介形类为美丽星介、曙光美星介、柳桥土星介；孢粉为松粉、桦粉和杉粉等	湖泊、扇三角洲	
		房身泡组			0~210	玄武岩和红色泥岩	火山喷发	干旱气候

沙河街组主要由陆源碎屑岩组成，自下而上划分为沙四段、沙三段及沙一段，缺失沙二段地层。沙一段顶部火山岩测定的绝对年龄值为 36.9 Ma（梁鸿德等，1992）。沙三段上部地层因后期遭受剥蚀，保存不完整，与上覆沙一段呈不整合接触。沙四段以发育巨厚

的暗色细粒沉积为特征，与下伏房身泡组为不整合接触，与上覆沙三段为整合接触。

沙四段沉积时期，盆地处于初陷期，大民屯凹陷由早期的浅水沉积环境转化到浅湖–半深湖沉积环境（表2-1）。沙四段分为上、下两部分，上部以含厚层泥岩为特征，为厚层灰褐色、深灰色泥岩局部夹中、厚层状灰白色含砾砂岩和砂岩、粉砂岩，厚度一般为300～500 m；下部以含有油页岩为特征，由杂色砂砾岩、砂岩、油页岩和泥岩互层组成，厚度0～380 m（黄鹤和田洋，2009）。沙四段地层含有较丰富的古生物化石，介形类以美星介属和土星介属最为发育，分布范围较广，主要有美丽星介、曙光美星介和柳桥土星介。孢粉化石种类多，松科含量最高，桦粉和杉粉属次之。受基底形态与构造运动影响，区内沙四段厚度变化较大，厚度不等，总体上表现出北薄南厚和西薄东厚的变化趋势。

沙三段为大民屯凹陷主要含油气层系之一，是稳定沉陷构造背景下沉积的一套砂砾岩、砂岩和泥岩互层沉积。含有丰富的古生物化石，藻类主要有盘星藻、粒面球藻、光面渤海藻、平滑具角藻等；介形类有单刺华北介、延长远伸玻璃介、显瘤华北介、弓背真星介等；腹足类有阶状似瘤田螺等。孢粉以水龙骨单缝孢属、栎粉属和榆粉属含量高为特征，栎粉属的母体植物多是常绿乔木和落叶乔木，喜温湿。榆粉属的母体植物多为落叶乔木和灌木，喜光、耐旱，分布在温带。沙三沉积时期以温暖潮湿气候为主，末期转为亚热带较干旱–温暖潮湿气候（回雪峰等，2003）。

沙三段由下至上又划分为沙三四（S_3^4）、沙三三（S_3^3）、沙三二（S_3^2）及沙三一（S_3^1）四个沉积旋回亚段（张妮等，2021）。其中S_3^4亚段自下而上又被分为S_3^4Ⅳ、S_3^4Ⅲ、S_3^4Ⅱ和S_3^4Ⅰ四个次一级沉积旋回的油层组。目的层为S_3^4Ⅱ和S_3^4Ⅰ油层组，为浅水扇三角洲前缘亚相沉积（江凯禧等，2021）。底部的S_3^4亚段整合覆盖于下伏沙四段厚层暗色泥岩之上，为浅灰色细砂岩、粉砂岩与深灰、褐灰色泥岩互层。S_3^3亚段总体上由浅灰色含砾砂岩、细砂岩、粉砂岩与深灰、灰绿、紫红色泥岩互层组成。S_3^2亚段为灰白色砂砾岩、含砾砂岩、细砂岩、粉砂岩与深灰、棕红、紫红、灰绿色泥岩不等厚互层。S_3^1亚段为浅灰色砂砾岩、含砾砂岩、细砂岩、粉砂岩与紫红、棕红、灰绿、深灰色泥岩、深灰色碳质泥岩不等厚互层（江凯禧等，2021）。

沙一段岩性主要为灰绿、灰、紫红色泥岩与灰白色砂岩，含砾不等粒砂岩不等厚互层，为冲积平原沉积产物，与下伏沙三段呈不整合接触。

东营组岩性以灰白色砂砾岩、含砾砂岩为主。

新近系主要为河流相沉积，由砾岩、砂岩和少量的泥岩所组成。

大民屯凹陷沈84—安12区块新生界含油层系主要为古近系沙河街组，由沙四段、沙三段和沙一段组成，缺失沙二段。因此，该区沙一段与沙三段之间存在一个区域性的剥蚀面。沙三段为该区块主要开发目的层，沉积地层厚度大、分布广，由下至上进一步划分为沙三四（S_3^4）、沙三三（S_3^3）、沙三二（S_3^2）及沙三一（S_3^1）4个沉积旋回段（表2-2）。研究目的层为S_3^4Ⅱ、S_3^4Ⅰ和S_3^3Ⅲ等3个主力油层组（表2-2）。

S_3^4Ⅱ油层组底部发育一套15～20 m的深灰色泥岩，底部质较纯，测井感应曲线形似"刀"状，故称"刀"状泥岩。该标志层中常夹有薄层砂体，总体表现为西厚东薄，是S_3^4Ⅱ油层组与S_3^4Ⅲ油层组的分层界线。在地震剖面上表现为一套连续反射同相轴，可连续追踪。

表 2-2　沈 84—安 12 区块古近系沙河街组沙三段地层划分表

亚段	油层组		砂岩组		小层	
	编号	厚度/m	个数	编号	个数	编号
S_3^1		0~285				
S_3^2	Ⅰ	50~70	3	1~3	6	1~6
	Ⅱ	50~69	3	1~3	6	1~6
	Ⅲ	82~99	4	1~4	10	1~10
	Ⅳ	59~72	3	1~3	6	1~6
S_3^3	0	48~62	2	1~2	4	1~4
	Ⅰ	113~129	4	1~4	9	1~9
	Ⅱ	97~119	3	1~3	8	1~8
	Ⅲ	127~152	4	1~4	9	1~9
S_3^4	Ⅰ	78~95	3	1~3	6	1~6
	Ⅱ	73~94	3	1~3	8	1~8
	Ⅲ	89~113	3	1~3	8	1~8
	Ⅳ	146~171	4	1~4	10	1~10
合计	11		40		90	

　　S_3^4 Ⅰ 油层组与 S_3^4 Ⅱ 油层组的分界线为一套厚度 10~20 m 的深灰色泥岩，感应曲线形似鱼嘴，称"鱼嘴"状泥岩。该泥岩上部通常为一套中细砂岩，下部泥岩质纯。在地震剖面上表现为一套连续反射同相轴，可连续追踪。

　　沈 84—安 12 区块化学试验区地层统层对比过程中，以单井的岩、电特征为基础，稳定标志层为控制，测井曲线为主要依据，地震资料为约束。按测井曲线所反映的沉积旋回组合特征，采用"旋回对比，分级控制"的方法，从大到小逐级控制对比精度，逐级对比，并兼顾岩性组合，地层厚度变化的连续性和合理性。

　　化学先导试验区目的层 S_3^4 Ⅱ、S_3^4 Ⅰ、S_3^3 Ⅲ 等 3 个主力油层组被划分为 11 个砂岩组，23 个小层（表 2-2）。

2.2.3　油田概况

　　沈阳油田沈 84—安 12 区块构造上位于辽河断陷盆地大民屯凹陷静安堡断裂背斜构造带南端，是在太古宇古潜山背景上发育起来的断裂背斜构造。主要开发目的层为古近系沙河街组沙三段，油层埋深 1450~2300 m，含油面积 12.7 km²，油层平均有效厚度 55.5 m，石油地质储量 6.374×10^7 t，可采储量 1.760×10^7 t，最终采收率 27%。发育扇三角洲前缘亚相和前扇三角洲亚相。储层砂体以辫状分流河道砂体为主体。油层平均孔隙度 22.51%，渗透率 620×10^{-3} μm²，为中孔中渗储层。油气层的发育主要受构造和岩性控制，为构造-岩性油藏。

　　沈 84—安 12 区块于 1975 年钻探第一口探井沈 84 井，发现了古近系沙河街组沙三段油层。电测解释油层 26 层 106.6 m，差油层 1 层 1.4 m，油水同层 6 层 18.2 m，1975~1976 年间试油 3 层，地面原油密度 0.8666 g/cm³，地面原油黏度（100 ℃）为11.2 MPa·s，凝固点 45~48 ℃，含蜡量 36.1%，证实该区原油属特高蜡、高凝固点的高凝油油藏。1986 年开始投入开发，将油层厚度大的主体部位采用两套层系分采，300 m×300 m 正方形井网，反九点面积注水。已经进行了 5 次重大调整。

截至 2009 年 10 月底，块内共有油井 426 口，开井 302 口，日产液 6914 m⁵，日产油 460 t，含水 93.4%，年累产油 1.41827×10⁵ t，累产油 1.4324043×10⁷ t，累产水 3.6400869×10⁷ m³，采油速度 0.26%，采出程度 22.47%，可采储量采出程度 81.3%；共有水井 182 口，开井 139 口，日注水 6269 m³，年累注水 1.905830×10⁶ m³，累注水 5.1226390×10⁷ m³，月注采比 0.79，累积注采比 0.87。

第3章 岩石学特征及物源分析

陆源碎屑岩中的主要岩石类型是砂岩，碎屑岩中的碎屑物质主要来源于母岩机械破碎的产物，是反映沉积物来源的重要标志（林春明等，2009）。砂岩中的主要碎屑成分石英、长石、岩屑以及重矿物在恢复物源区的研究中具有极为重要的意义（张霞等，2013，2018；Zhang et al.，2015，2021a；林春明等，2020）。因此，分析辽河拗陷大民屯凹陷古近系沙河街组各层段砂岩类型、石英类型、岩屑类型、重矿物组合以及重矿物指数等，可帮助对大民屯凹陷的物源方向和母岩类型进行判断（林春明等，2019a，2020；张妮等，2021）。本次物源区分析的目的在于获取可能的物源区岩石组成特征，进而明确研究目的层岩石组成的物质来源。

3.1 物源区分析

大民屯凹陷由下至上依次发育太古宇、元古宇、中生界及新生界的古近系、新近系和第四系，太古宇是大民屯凹陷基底主要地层，形成了一系列北东向潜山带。变质较深的片麻岩及其混合岩是大民屯凹陷太古宇的主要岩性，其次为浅粒岩和变粒岩。元古宇分布在静安堡北部地区，呈近东西向走向。中生界仅在西部的局部地区发育，其他地区仅有零星分布（孟卫工，2006）。因此，太古宇和元古宇地层是静安堡—东胜堡构造带沈84—安12区块古近系地层的潜在物源。

研究区沈84—安12区块位于静安堡—东胜堡构造带中南部，其基底地貌特征为北高南低，东高西低（图3-1）。故从构造格局推测，潜在物源区位于东北方向的可能性较大。

太古宇变质岩是大民屯凹陷基底的主要地层，因此探讨其空间分布特征有助于更为具体地揭示研究区古近系地层的源岩。太古宇变质岩是原始沉积岩和火山碎屑岩经历区域变质作用和混合变质作用后形成的，故保留了原始构造（朱毅秀等，2018）。锆石测年测定研究区区域变质岩的锆石结晶年龄为26～25 Ga，混合岩化改造在区域变质之后，年代上与区域变质接近或更晚些，年龄为25～23 Ga（宋柏荣等，2017）。可推测研究区区域变质岩和混合岩也属于新太古代。

太古宇变质岩多为中深变质岩，最常见为混合花岗岩、混合片麻岩、混合岩、混合岩化变粒岩、斜长片麻岩、斜长角闪岩、浅粒岩、变粒岩、辉绿岩、角闪斜长岩等动力变质岩（表3-1）。

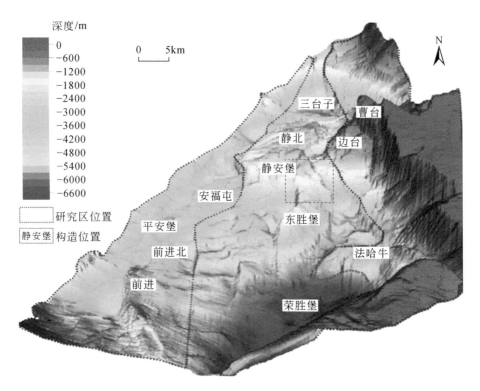

图 3-1　大民屯凹陷古近系基底构造图示意图（据辽河油田勘探开发研究院）

表 3-1　沈 84—安 12 区块周缘典型钻井太古宇变质岩定名简表（改自朱毅秀等，2018）

井号	深度/m	岩性定名	井号	深度/m	岩性定名
安 101	2502	辉绿岩	安 130	2580	混合岩化变粒岩
安 101	2524	角闪斜长岩	安 130	2759	中粒变晶变粒岩
安 101	2554	长英质浅粒岩	安 130	2879.5	碎裂状变粒岩
安 101	2580	中细粒变晶变粒岩	安 130	2951	细粒变晶斜长角闪岩
安 101	2588	碎裂状混合岩	安 130	3021	中细粒变晶混合花岗岩
安 101	2593.5	中粗粒混合岩	静 35	2095.8	中粗粒混合变粒岩

　　通过刻画太古宇变质岩岩性组成的平面分布特征，可直观看出不同区块太古宇变质岩的岩性组成差异（图 3-2），主要有 7 类岩性，分别是混合花岗岩、混合片麻岩、角闪斜长变粒岩、角闪斜长片麻岩、角闪岩、浅粒岩及混合岩（朱毅秀等，2018）。沈 84—安 12 区块北部及东部的太古宇变质岩主要有混合片麻岩、混合花岗岩、角闪斜长变粒岩、角闪斜长片麻岩及浅粒岩等 5 类主要岩性（图 3-2），都可能是沈 84—安 12 区块的潜在物源。

此外，沈 84—安 12 区块北部及东部的元古宇地层也是潜在物源，其主要岩性为板岩、石英岩及白云岩（孟卫工，2006）。中生界地层由于仅在凹陷西部的局部地区发育，对沈 84—安 12 区块的物源影响较小。

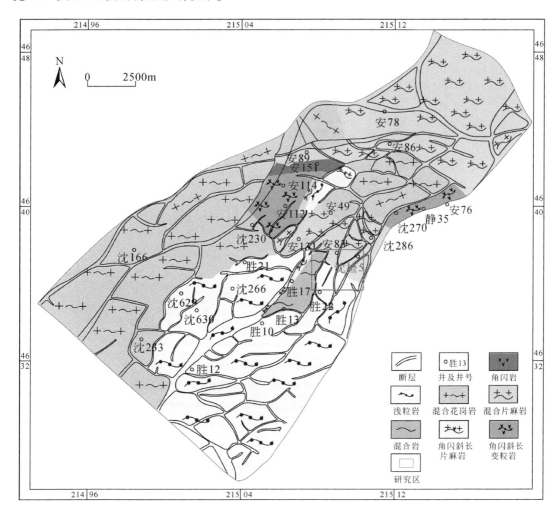

图 3-2　大民屯凹陷基岩潜山太古宇主要岩性平面分布图（据朱毅秀等，2018，略修改）

现今研究区周边出露太古宇、元古宇、古生界等古老地层及部分中生界地层（图 3-3），与区域地质演化背景相一致，即盆地边界曾长期处于隆升并遭受剥蚀的状态，揭示研究区古近系地层的潜在物源主要为上述老地层。

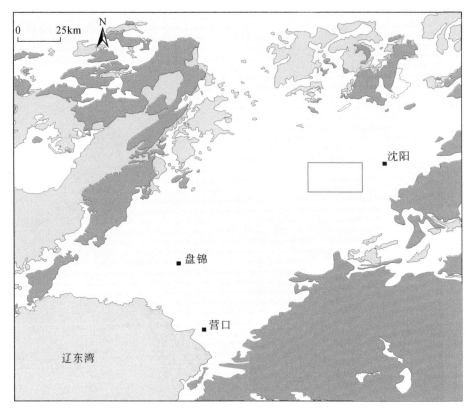

图 3-3　现今研究区周边出露地层分布特征示意图
(来自中国地质调查局网上公开资料，已经做了简化修改，图内红框为研究区所在地理位置，紫色代表太古宇和元古宇，绿色为古生界和中生界，白色代表石炭系和侏罗系，黄色为第四系覆盖区)

3.2　碎屑岩成分特征

　　碎屑岩作为古陆壳的风化、沉积产物，不仅记录了形成碎屑岩的沉积环境、沉积作用的特点，以及后期改造作用的强度等地质信息，而且碎屑成分与其所处的大地构造位置、物源区的岩石类型、风化作用的性质与强度以及搬运距离的远近有着密切的关系。因此，它能反映出沉积物源区的母岩性质（林春明等，2009；周健等，2012）。

　　为此，对沈 84—安 12 区块内的静 66-60 井、沈检 5 井和沈检 3 井目的层 $S_3^4 \text{II}$、$S_3^4 \text{I}$ 及 $S_3^3 \text{III}$ 等 3 个油层组的岩心进行取样，显微镜下观察了砂岩的碎屑组分，所观察 3 口井 3 个目的层的岩屑组成特征相似，识别出变质岩岩屑、混合花岗岩岩屑及沉积岩岩屑。

　　静 66-60 井目的层碎屑类型镜下观察发现以变质岩岩屑和混合花岗岩岩屑为主，部分为沉积岩岩屑。变质岩岩屑主要为变质石英岩岩屑，即变质成因的多晶石英碎屑。它的特征与来自片麻岩和片岩的多晶石英相似，但石英晶粒外形极不规则，彼此镶嵌状接触，定向不明显，呈波状或带状消光。目的层变质石英岩具有多种类型，一些变质石英岩岩屑具不等粒变晶结构及齿状变晶结构，部分石英呈伸长状，他形晶（图 3-4a），还见有具粒状变晶结构的石英岩岩屑（图 3-4b）。少量高级变质岩岩屑也被观察到，石英严重挤压变形，具波状消光，为高压分异作用造成的，石英与长石呈"三明治"式叠置，并且长石发生云母化（图 3-4c）。混合花岗岩岩屑包括细脉状条纹长石（图 3-4d）。另外还见到原岩为安山岩的变质岩岩屑（图 3-4e、f），安山岩是一种中性的钙碱性喷出岩。岩屑中还见到长石和石英彼此呈镶嵌状，其中长石发生蚀变，具半自形粒状结构，石英发生港湾状熔蚀，呈他形粒状（图 3-4g），推测这类岩屑可能来源于混合花岗岩。霏细结构石英岩岩屑也被发现（图 3-4h），霏细结构是脱玻化达到一定程度时，形成极细的、他形的长英质矿物颗粒的隐晶质集合体，颗粒间界线模糊，形状不规则，推测可能来源于混合花岗岩。沉积岩岩屑，观察到燧石岩屑（图 3-4i），具有放射状结构的显著特征。

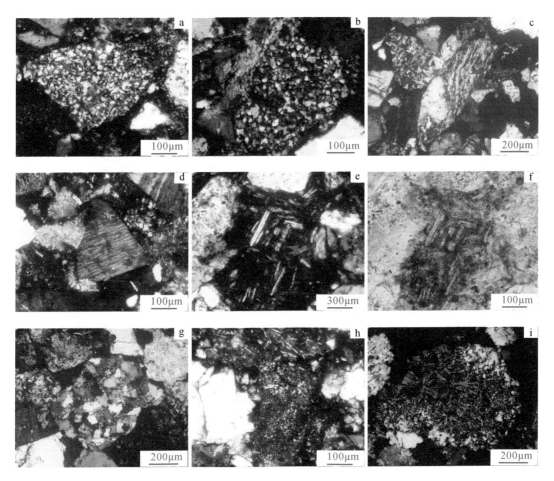

图 3-4　沈 84—安 12 区块静 66-60 井沙三段 S_3^4 Ⅰ油层组碎屑类型显微照片

a. 变质石英岩岩屑，具不等粒变晶结构及齿状变晶结构，1839.68 m，（+）；b. 具粒状变晶结构石英岩岩屑，1846.72 m，（+）；c. 高级变质岩岩屑，石英挤压变形，波状消光，1839.9 m，（+）；d. 细脉状条纹长石，1839.68 m，（+）；e. 原岩为安山岩的变质岩岩屑，1839.68 m，（+）；f. 原岩为安山岩的变质岩岩屑，1839.68 m，（−）；g. 混合花岗岩岩屑，岩屑主要由长石和石英组成，长石具半自形粒状结构并发生蚀变，石英呈他形粒状，1839.9 m，（+）；h. 霏细结构，极细、他形的长英质矿物颗粒的隐晶质集合体，1839.68 m，（+）；i. 燧石，隐晶质结构，放射状结构，1839.9 m，（+）

　　沈检 5 井观察到的碎屑类型与静 66-60 井大体一致，主要为变质石英岩岩屑和混合花岗岩岩屑。变质岩岩屑主要为变质石英岩岩屑（图 3-5a～e）。混合花岗岩岩屑中，长石常见包含结构（图 3-5f）。原岩为安山岩的变质岩岩屑（图 3-5g）和霏细结构石英岩岩屑（图 3-5h）也较为常见。后者以长石和石英彼此呈镶嵌状且长石发生一定蚀变。我们对沈检 3 井的岩石薄片也进行了详细观察，其结果与静 66-60 井和沈检 5 井相一致。

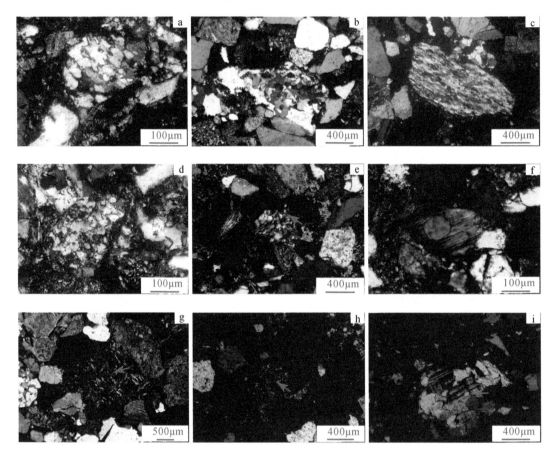

图 3-5　沈 84—安 12 区块沈检 5 井沙三段 $S_3^4 Ⅱ$、$S_3^4 Ⅰ$ 和 $S_3^3 Ⅲ$ 油层组碎屑类型显微照片

a、b. 变质石英岩岩屑，石英颗粒挤压变形，定向明显，$S_3^3 Ⅲ$，深度分别为 1782.82 m 和 1869.21 m，（+）；c. 高级变质岩岩屑，石英挤压变形，波状消光，$S_3^3 Ⅲ$，1869.21 m，（+）；d. 混合花岗岩岩屑，岩屑主要由长石和石英组成，$S_3^3 Ⅲ$，1872.83 m，（+）；e. 具粒状变晶结构石英岩岩屑，$S_3^3 Ⅲ$，1877.6 m，（+）；f. 斜长石具包含结构，$S_3^3 Ⅲ$，1782.82 m，（+）；g. 原岩为安山岩的变质岩岩屑，$S_3^4 Ⅱ$，1980.12 m，（+）；h. 霏细结构石英岩岩屑，$S_3^4 Ⅰ$，1938.24 m，（+）；i. 混合花岗岩岩屑，岩屑主要由长石和石英组成，长石具包含结构，$S_3^4 Ⅰ$，1880.96 m，（+）

　　综上所述，沈 84—安 12 区块目的层 $S_3^4 Ⅱ$、$S_3^4 Ⅰ$ 及 $S_3^3 Ⅲ$ 等 3 个油层组的碎屑类型以变质岩岩屑和混合花岗岩岩屑为主。结合沈 84—安 12 区块北部及东部的太古宇变质岩主要为混合片麻岩、混合花岗岩、角闪斜长变粒岩、角闪斜长片麻岩及浅粒岩等 5 类主要岩性的特征，认为沈 84—安 12 区块目的层物源可能主要来源于区块的北部及东部的太古宇地层。

3.3　重矿物组成与分布特征

物源研究包括沉积盆地中沉积物来源区的母岩性质及组合特征、沉积构造背景及古气候，某种程度上还包括母岩搬运作用因素（林春明等，2020）。碎屑岩物源分析致力于建立物源区与沉积区的关系，帮助恢复物源区构造背景、沉积物搬运路径与距离、重建古水系和恢复沉积盆地演化历史等（徐杰和姜在兴，2019）。

现今观察到的沉积岩虽然保存了某些原始物源区的信号，但也可能受到后期成岩改造或多物源混合的影响，综合多种物源分析方法能更为可靠地确定物源区。目前应用较广的有矿物学法（轻、重矿物分析）、沉积学法（粒径分析和地层倾角分析等）、岩石学法、地球化学法（稀土元素和特征元素分析等）、孢粉分析法及地震反射结构分析法等（林春明等，2020，2021），针对不同地质背景和工作条件灵活运用。沈 84—安 12 区块目的层 $S_3^4 \mathrm{II}$、$S_3^4 \mathrm{I}$ 及 $S_3^3 \mathrm{III}$ 物源区判识主要通过分析碎屑岩岩屑组成、重矿物组成及粗/细粒沉积物相对含量平面变化特征，有效识别出了主物源方向。

碎屑重矿物分析是沉积物源研究的重要方法之一。不同物源母岩对应不同的重矿物类型，是敏感的沉积物源指示标志（Morton et al.，2005；Zhang et al.，2015，2021a）。故利用特征重矿物组合及重矿物指数，能够较准确地分析源区特性。

重矿物是指岩石中含量普遍小于 1%、密度大于 2.89 g/cm³、颗粒较小（粒径 0.25～0.05 mm）并且性质相对稳定的矿物。重矿物是物源区母岩类型的重要标志，不仅可以根据重矿物的物性特征，如颜色、形态、粒度、硬度、稳定性等，也可以根据其丰度和组合关系来对物源特征进行分析。

岩石受到强化学风化作用的影响，造成次生成因重矿物所占比例偏高，压制了真正能反映物源信息的透明重矿物所占比例，干扰了物源分析，这是强烈化学风化作用地区重矿物分析中普遍存在的问题。基于这种情况，在进行重矿物物源示踪时，仅采用透明碎屑重矿物来进行母岩判别。在本研究中，重矿物成熟度（ZTR 指数）和稳定系数被用来判识主物源方向。ZTR 指数为锆石、电气石和金红石占透明碎屑重矿物的百分比，代表重矿物的成熟度，其值与矿物成熟度呈正相关。按照碎屑重矿物在搬运过程中抗风化能力的大小，可将重矿物分为稳定和不稳定两种类型。稳定系数＝稳定型重矿物相对含量/不稳定型重矿物相对含量。稳定重矿物抵抗风化能力强，远离物源区其含量相对升高；不稳定重矿物抵抗风化的能力弱，远离物源区其含量相对减少。因此，可通过分析稳定组分和不稳定组分的稳定系数来确定重矿物的搬运方向及搬运距离（张志萍等，2008；周健等，2011；林春明等，2021）。

沈 84—安 12 区块目的层稳定重矿物有金红石、锆石、电气石、十字石、石榴子石、榍石、锡石、钛磁铁矿（次生重矿物）、白钛石（次生重矿物）、蓝晶石、尖晶石及刚玉；不稳定的有绿帘石、黝帘石、黑云母、角闪石、透闪石、绿泥石、硬绿泥石及红柱石。

由于研究区 S_3^3 和 S_3^4 亚段的构造背景相同，推测其沉积体系一致（后文沉积环境分析已证实相同），另外考虑到部分井个别油层组缺少重矿物分析数据，不能按油层组进行统计分析，故将 S_3^3 和 S_3^4 亚段的重矿物分析数据整合在一起进行研究。结果表明，从研究区北东向西南方向，ZTR 指数由 0.16 到 0.44，最大至 0.59，总体上具有显著的上升趋势，代表重矿物的成熟度升高，指示主物源方向来自北东向（图 3-6a）。重矿物稳定系数和 ZTR 指数的变化趋势相近，稳定系数等值线由 30 到 90，至 100，总体上由北东向西南也有增高的趋势，也反映了主物源方向来自北东向（图 3-6b）。

变质成因重矿物组合蓝晶石、十字石、电气石、石榴子石、绿帘石、黑云母与岩浆成因重矿物组合锆石、金红石、榍石、锡石（变质岩但原岩为岩浆岩）的相对含量统计表明（图 3-7），变质成因重矿物要显著高于岩浆成因重矿物，表明原始岩浆岩成分保留较少，大部分已变质，因此变质成因组分是研究区目的层的主要物质来源。

对主要类型重矿物金红石、绿帘石、锆石、黑云母、电气石、石榴子石、十字石及榍石的统计表明（图 3-8），整体上各井的重矿物组成特征相近，石榴子石、锆石和十字石的占比高，说明这三类重矿物在研究区含量较高且稳定。平面上，十字石相对含量具有北东高西南低的趋势。综上所述，研究区主物源方向为北东向，变质成因重矿物占优势，与前述宏观地质背景相一致，即研究区物源主要来自太古宇变质岩的贡献。

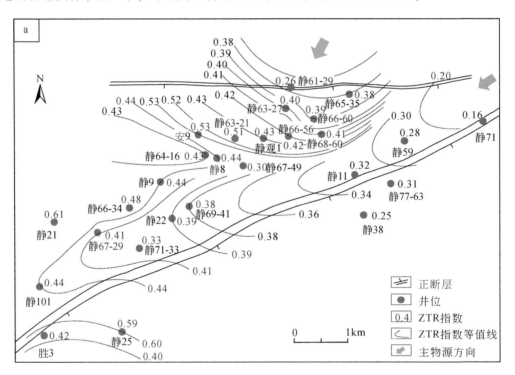

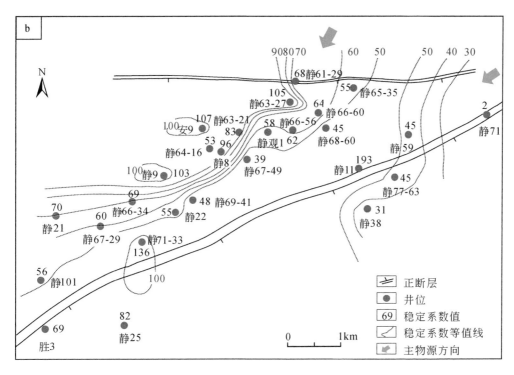

图 3-6　沈 84—安 12 区块 S_3^4 和 S_3^3 亚段 ZTR 指数和稳定系数平面分布特征

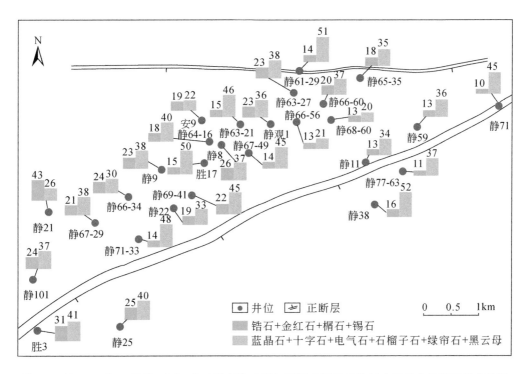

图 3-7　沈 84—安 12 区块 S_3^4 和 S_3^3 亚段变质成因与岩浆成因重矿物组合相对含量平面分布特征

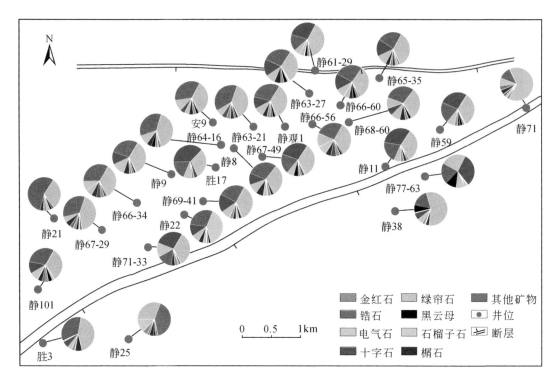

图 3-8　沈 84—安 12 区块 S_3^4 和 S_3^3 亚段重矿物组成平面分布特征图

3.4　粗粒/细粒沉积物平面分布特征

从物源区到沉积盆地，即源到汇，地层中粗粒沉积物与细粒沉积物的相对含量会有规律性变化，即靠近物源一端粗粒沉积物占比高，靠近沉积中心一端细粒沉积物占比高。因此，根据沉积盆地中同一地层砂砾岩百分含量的平面变化可以判断物源方向。通过对沈检5、沈检3、沈检1、静观1、静2、静13、静19、静20、静44、静45、静59、静61-29、静66-60、静67-49、静69-41 及静71-33 等 16 口取心井的 S_3^4—S_3^3 亚段约 1390 m 的岩心观察，发现研究区目的层主要岩性有砂砾岩、含砾砂岩、粗砂岩、中砂岩、细砂岩、粉砂岩、泥质粉砂岩、粉砂质泥岩及泥岩等 9 类，其中泥岩、细砂岩及砂砾岩居前三（图 3-9）。

沈 84—安 12 区块的实践表明，该方法适合本研究区的物源分析，有效识别出主物源方向。从单井和平面上均发现由北东向西南方向 S_3^4 亚段砂砾岩和含砾砂岩相对百分含量之和与细粒沉积物的比值显著由高变低，砂砾岩和含砾砂岩的相对百分含量也具有相同的变化趋势，表明沉积物主要由北东向西南方向搬运，主物源方向为北东向（图 3-10、图 3-11）。

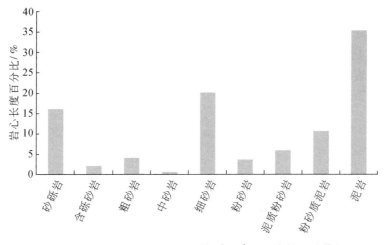

图 3-9　沈 84—安 12 区块取心井 S_3^4—S_3^3 亚段岩性组成特征

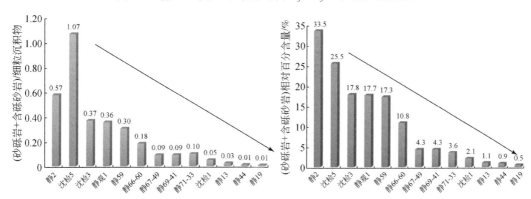

图 3-10　沈 84—安 12 区块 S_3^4 亚段单井粗粒沉积物与细粒沉积物相对含量组成特征

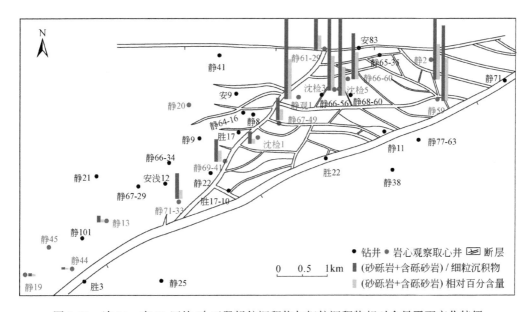

图 3-11　沈 84—安 12 区块 S_3^4 亚段粗粒沉积物与细粒沉积物相对含量平面变化特征

S_3^3 亚段与 S_3^4 亚段变化一致，砂砾岩和含砾砂岩相对百分含量之和与细粒沉积物的比值及砂砾岩和含砾砂岩的相对百分含量也由北东向西南方向显著递减，表明主物源方向也为北东向（图 3-12，图 3-13）。此外，S_3^4—S_3^3 亚段合起来分析（图 3-14），也揭示主物源方向为北东向，表明该两亚段沉积期的物源搬运方向没有发生显著变化，区域构造运动相对稳定。

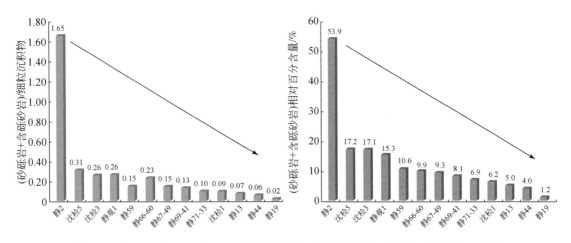

图 3-12 沈 84—安 12 区块 S_3^3 亚段单井粗粒沉积物与细粒沉积物相对含量组成特征

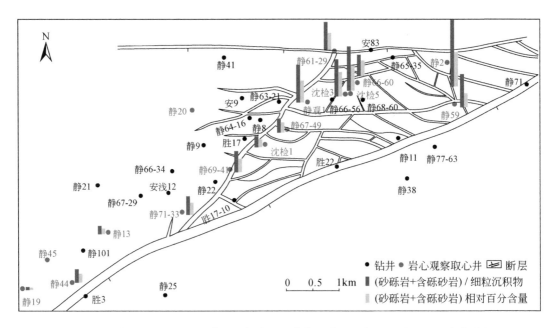

图 3-13 沈 84—安 12 区块 S_3^3 亚段粗粒沉积物与细粒沉积物相对含量平面变化特征

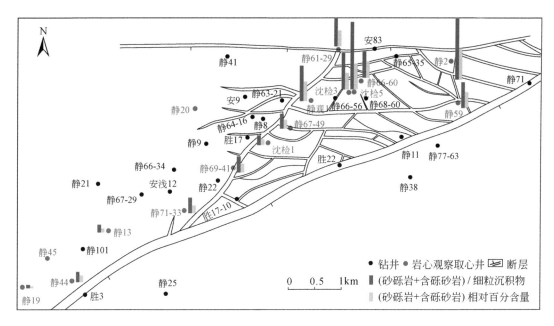

图 3-14　沈 84—安 12 区块 S_3^4—S_3^3 亚段粗粒沉积物与细粒沉积物相对含量平面变化特征

3.5　主量、微量及稀土元素特征

3.5.1　样品与实验方法

研究样品取自沈检 5 井沙三段的 3 个相邻主力油层组（由下至上为 S_3^4Ⅱ、S_3^4Ⅰ 和 S_3^3Ⅲ），对采集的 68 个岩心样品进行主量和微量元素分析，其中 S_3^4Ⅱ 油层组 14 个，S_3^4Ⅰ 油层组 35 个，S_3^3Ⅲ 油层组 19 个（图 3-15）。用于测定全岩主量、微量及稀土元素的样品均通过清洗，去除表面的灰尘，通过无污染研磨获得 200 目的粉末样品。全岩主量元素分析在南京大学内生金属矿床成矿机制研究国家重点实验室完成。测试前需将粉末样品放置在型号为 BPG-9040A 的恒温干燥箱中以 105 ℃烘干约 4 h，之后称取 1 g 烘干的粉末样品和 11 g 助熔剂（四硼酸锂），混合摇匀后倒入铂金坩埚，放入 THEOXD 型全自动电熔炉中，在一般氧化物程序下高温加热熔融制备成碱熔玻璃片，测试所用电流和电压分别为 50 mA 和 50 kV。此外，还需称取 0.5 g 粉末样品在 1050 ℃下高温加热 1 h 获得烧失量（LOI）。根据国际岩石标准参考物质（BHVO-2、BCR-2 和 RGM-2）的测定值，所有元素的相对误差均小于 3%（张妮等，2021）。

全岩微量及稀土元素分析同在南京大学内生金属矿床成矿机制研究国家重点实验室完成。称取大约 50 mg 烘干的粉末样品于干净的 Teflon 溶样罐中，加入 1.0 mL HF 溶解后放置于 130 ℃的电热板上。待样品蒸至湿盐状后再次加入 1.5 mL HF 和 1.0 mL HNO_3，并将

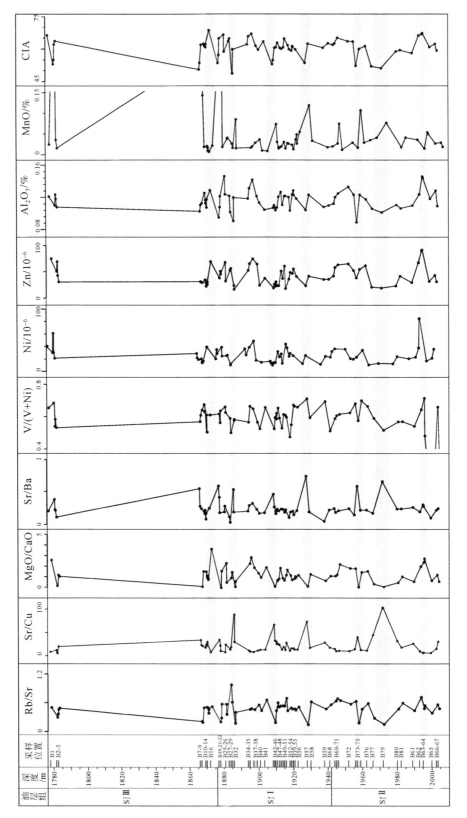

图3-15　沈检5井沙三段样品采集位置及元素纵向分布图(张妮等，2021)

溶样罐置于密封高压釜中在 190 ℃烘箱中加热 72 h 以上使样品进一步溶解，后将样品从高压釜中取出并蒸至湿盐状，再重复两次加 1 mL HNO_3 蒸至湿盐状。下一步，加入 1.5 mL HNO_3 和 2 mL H_2O 后再次将溶样罐置于密闭高压釜中在 120 ℃烘箱中加热 12 h。最后将溶样罐中的溶液转移至容量瓶中，加入 1 mL 500×10^{-9} Rh 内标溶液并稀释到 50 mL 用于测试，测试仪器为 Finnigan Element Ⅱ HR-ICP-MS。样品测定值的相对误差小于 10%，且大多数值在 5% 以内（张妮等，2021）。

3.5.2　地球化学分析结果

1. 稀土元素特征

样品中稀土元素（REE）球粒陨石标准化配分曲线整体表现为右倾斜式，呈轻稀土富集、重稀土亏损，S_3^3Ⅲ、S_3^4Ⅰ、S_3^4Ⅱ 的 $(La/Yb)_N$ 平均值分别为 12.24、12.07、10.88，LREE/HREE 平均值分别为 29.62、28.86、26.78，轻重稀土元素分馏明显。Eu 负异常明显，δEu 介于 0.79 ~ 0.88 之间，平均 0.82。样品中 ΣREE 含量差异较大，其中 S_3^3Ⅲ 为 53.85×10^{-6} ~ 158.71×10^{-6}，平均 88.88×10^{-6}，S_3^4Ⅰ 为 57.71×10^{-6} ~ 164.68×10^{-6}，平均 96.30×10^{-6}，S_3^4Ⅱ 为 42.28×10^{-6} ~ 167.19×10^{-6}，平均 110.27×10^{-6}，以上各层的 ΣREE 含量均低于大陆上地壳 148.14×10^{-6} 的平均值（Rudnick and Gao，2003；表 3-2，图 3-16，表 3-3）。

表 3-2　大民屯凹陷沈检 5 井沙三段稀土元素特征参数的对比

构造背景	源区类型	$La/10^{-6}$	$Ce/10^{-6}$	$\Sigma REE/10^{-6}$	LREE/HREE	La/Yb	$(La/Yb)_N$	Eu/Eu^*
大洋岛弧	未切割岩浆弧	8±1.7	19±3.7	58±10	3.8±0.9	4.2±1.3	2.8±0.9	1.04±0.11
大陆岛弧	切割岩浆弧	27±4.54	59±8.2	146±20	7.7±1.7	11±3.6	7.5±2.5	0.79±0.13
活动大陆边缘	隆升基底隆起	37	79	186	9.1	12.5	8.5	0.6
被动大陆边缘	克拉通内高低	39	85	210	8.5	15.9	10.8	0.56
S_3^3Ⅲ	平均值	20.0	36.0	88.9	10.2	18.2	12.2	0.88
S_3^4Ⅰ	平均值	22.5	39.2	99.8	10.3	16.4	11.0	0.78
S_3^4Ⅱ	平均值	25.1	44.9	110.3	9.7	16.1	10.9	0.79

注：特征参数据 Bhatia（1985）。

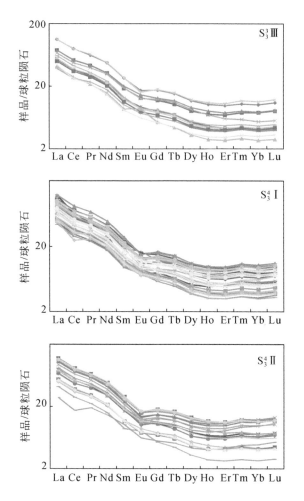

图 3-16　大民屯凹陷沈检 5 井 $S_3^4 II$—$S_3^3 III$ 油层组稀土元素配分图

2. 微量元素特征

样品的微量元素特征整体表现为 Co、Ni 和 Cr 等亲铁性元素相对大陆上地壳接近，部分样品有亏损。其中 $S_3^4 II$ 时期有一个样品 Co、Ni 含量很高。样品的高场强元素中 Th、Ce、Nb 等接近大陆上地壳，Zr、Hf 等在部分样品中富集（表 3-4）。样品的大离子亲石元素中 Rb、Sr、Ba 含量略有差异，整体与大陆上地壳较为相近，个别样品的 Sr、Ba 含量相对大陆上地壳较为富集（图 3-17）。Mn 含量较高，平均 502.18×10^{-6}，$S_3^4 II$、$S_3^4 I$、$S_3^3 III$ 的 Mn 含量分别为 311.96×10^{-6}、399.77×10^{-6}、794.80×10^{-6}（表 3-4，图 3-17）。

表 3-3　大民屯凹陷沈检 5 井沙三段稀土元素含量表

样品号	深度/m	La/10^-6	Ce/10^-6	Pr/10^-6	Nd/10^-6	Sm/10^-6	Eu/10^-6	Gd/10^-6	Tb/10^-6	Dy/10^-6	Ho/10^-6	Er/10^-6	Tm/10^-6	Yb/10^-6	Lu/10^-6	ΣREE/10^-6	LREE/HREE	(La/Yb)$_N$	(Gd/Yb)$_N$	δEu
B1	1778.07	35.32	65.31	7.77	28.89	5.38	1.27	4.54	0.73	3.81	0.74	2.09	0.34	2.15	0.36	158.71	9.75	11.10	1.71	0.77
B2	1781.51	23.79	42.82	5.35	19.81	3.66	0.97	3.12	0.50	2.62	0.52	1.48	0.25	1.60	0.26	106.73	9.32	10.04	1.58	0.85
B3	1781.86	23.63	43.11	5.44	20.06	3.97	1.09	3.39	0.56	2.98	0.58	1.60	0.26	1.64	0.27	108.57	8.63	9.73	1.67	0.89
B4	1782.12	21.29	38.84	4.89	18.97	3.69	0.95	3.21	0.53	2.74	0.50	1.28	0.19	1.16	0.18	98.43	9.04	12.42	2.24	0.82
B5	1782.74	17.23	30.45	3.71	13.58	2.53	0.69	2.08	0.34	1.75	0.33	0.88	0.14	0.83	0.13	74.66	10.53	13.92	2.01	0.90
B7	1866.5	16.79	30.33	3.62	12.97	2.48	0.66	2.15	0.33	1.70	0.33	0.91	0.15	0.90	0.15	73.46	10.11	12.51	1.91	0.85
B8	1866.86	12.04	22.02	2.92	10.61	2.00	0.55	1.66	0.27	1.43	0.29	0.81	0.13	0.82	0.13	55.67	9.06	9.86	1.62	0.90
B9	1867.62	16.96	30.79	3.58	12.79	2.21	0.58	1.81	0.28	1.44	0.28	0.81	0.13	0.81	0.13	72.63	11.70	14.06	1.80	0.86
B10	1869.21	19.33	35.03	4.14	14.75	2.64	0.66	2.19	0.34	1.79	0.35	1.00	0.16	0.99	0.16	83.52	10.98	13.22	1.79	0.82
B11	1869.67	17.54	30.91	3.92	13.59	2.43	0.64	2.00	0.31	1.61	0.32	0.90	0.15	0.91	0.15	75.38	10.87	12.99	1.78	0.87
B12	1869.77	15.85	28.50	3.48	12.39	2.21	0.58	1.81	0.29	1.50	0.30	0.85	0.14	0.86	0.14	68.91	10.70	12.44	1.70	0.86
B13	1870.3	13.01	22.90	2.69	9.32	1.71	0.64	1.39	0.21	1.08	0.20	0.58	0.10	0.58	0.09	54.49	11.89	15.25	1.96	1.24
B14	1870.36	13.83	21.81	2.73	8.88	1.64	0.47	1.37	0.21	1.14	0.23	0.65	0.11	0.67	0.11	53.85	10.99	13.90	1.65	0.93
B16	1872.25	35.39	64.52	8.08	29.11	5.46	1.19	4.65	0.75	3.96	0.80	2.23	0.39	2.40	0.40	159.33	9.23	9.96	1.57	0.71
B19	1877.36	22.94	40.25	5.01	17.95	3.41	0.82	2.91	0.46	2.39	0.47	1.34	0.23	1.40	0.23	99.79	9.60	11.05	1.68	0.78
B21	1877.88	24.77	43.95	5.34	18.69	3.43	0.78	3.08	0.50	2.79	0.57	1.63	0.27	1.64	0.26	107.72	9.01	10.18	1.51	0.72
B22	1878.06	25.39	45.51	5.44	18.91	3.52	0.78	2.99	0.50	2.81	0.59	1.77	0.32	2.00	0.34	110.86	8.80	8.57	1.21	0.72
B25	1880.74	31.66	58.12	7.15	25.69	4.97	1.16	4.17	0.67	3.56	0.70	1.98	0.34	2.08	0.34	142.60	9.29	10.28	1.62	0.76
B26	1880.96	37.16	52.97	5.65	17.41	2.39	0.56	2.08	0.31	1.70	0.35	1.06	0.18	1.14	0.18	123.15	16.57	21.98	1.47	0.75
B27	1883.54	29.57	52.06	6.36	22.30	4.18	0.90	3.64	0.62	3.39	0.68	1.93	0.32	1.96	0.31	128.22	8.98	10.19	1.50	0.69
B28	1884.02	26.88	46.80	5.67	20.24	3.80	1.23	3.26	0.53	2.79	0.55	1.51	0.25	1.50	0.24	115.25	9.84	12.12	1.76	1.05
B29	1885.87	14.54	25.09	3.08	10.82	1.94	0.56	1.66	0.26	1.34	0.26	0.76	0.12	0.77	0.12	61.32	10.58	12.79	1.75	0.93
B32	1885.95	13.75	23.31	2.96	10.55	1.87	0.56	1.53	0.23	1.21	0.23	0.67	0.11	0.69	0.12	57.78	11.06	13.42	1.78	0.99

续表

样品号	深度/m	La/10⁻⁶	Ce/10⁻⁶	Pr/10⁻⁶	Nd/10⁻⁶	Sm/10⁻⁶	Eu/10⁻⁶	Gd/10⁻⁶	Tb/10⁻⁶	Dy/10⁻⁶	Ho/10⁻⁶	Er/10⁻⁶	Tm/10⁻⁶	Yb/10⁻⁶	Lu/10⁻⁶	ΣREE/10⁻⁶	LREE/HREE	(La/Yb)$_N$	(Gd/Yb)$_N$	δEu
B34	1894.26	26.09	47.35	5.74	20.91	3.87	0.96	3.37	0.57	3.16	0.64	1.81	0.32	1.98	0.33	117.10	8.61	8.88	1.37	0.79
B35	1894.98	32.75	58.64	7.08	25.66	4.68	1.16	3.94	0.62	3.18	0.62	1.77	0.29	1.81	0.30	142.51	10.36	12.17	1.75	0.81
B37	1896.79	38.17	68.17	8.35	29.29	5.35	1.12	4.31	0.69	3.58	0.71	2.04	0.35	2.19	0.36	164.68	10.57	11.77	1.59	0.69
B38	1899.25	29.41	50.88	6.31	22.86	4.30	1.00	3.61	0.59	3.05	0.61	1.70	0.29	1.74	0.29	126.62	9.67	11.38	1.67	0.76
B40	1900.72	16.85	30.04	3.66	12.93	2.32	0.66	1.92	0.30	1.52	0.28	0.80	0.13	0.79	0.13	72.33	11.32	14.31	1.95	0.93
B41	1903.75	19.95	34.58	4.17	14.46	2.68	0.65	2.38	0.41	2.35	0.50	1.45	0.25	1.56	0.26	85.66	8.34	8.61	1.23	0.77
B42	1908.87	15.86	28.39	3.38	12.31	2.14	0.60	1.78	0.28	1.50	0.29	0.83	0.14	0.84	0.14	68.47	10.82	12.73	1.71	0.91
B43	1909.39	16.27	29.23	3.74	12.92	2.29	0.58	1.85	0.29	1.47	0.28	0.80	0.13	0.81	0.13	70.80	11.27	13.49	1.84	0.83
B44	1910.26	15.38	28.34	3.47	12.48	2.20	0.55	1.69	0.25	1.23	0.23	0.67	0.11	0.67	0.11	67.39	12.60	15.58	2.05	0.84
B45	1910.3	14.81	20.32	3.24	11.46	2.03	0.54	1.62	0.26	1.37	0.27	0.76	0.13	0.78	0.13	57.71	9.85	12.73	1.67	0.88
B46	1911.1	17.02	30.24	3.72	13.24	2.40	0.62	1.94	0.31	1.61	0.31	0.89	0.15	0.93	0.15	73.52	10.68	12.39	1.69	0.85
B47	1911.91	16.30	27.74	3.44	12.65	2.24	0.58	1.83	0.29	1.49	0.29	0.81	0.13	0.83	0.14	68.74	10.85	13.29	1.78	0.86
B48	1913.35	27.83	49.70	6.25	21.80	4.14	0.95	3.45	0.56	2.97	0.60	1.72	0.29	1.83	0.31	122.39	9.44	10.27	1.52	0.75
B49	1914.25	21.08	36.49	4.57	16.13	2.87	0.73	2.36	0.38	1.97	0.39	1.13	0.19	1.20	0.19	89.69	10.47	11.81	1.58	0.83
B50	1915.36	32.06	57.35	7.13	24.78	4.50	0.96	3.71	0.60	3.19	0.63	1.84	0.32	1.98	0.33	139.39	10.06	10.91	1.51	0.70
B51	1915.94	15.33	27.24	3.47	12.16	2.15	0.56	1.70	0.26	1.34	0.26	0.73	0.12	0.76	0.12	66.21	11.52	13.64	1.81	0.87
B52	1917.94	16.54	25.47	3.93	14.13	2.67	0.66	2.22	0.36	1.89	0.38	1.13	0.20	1.33	0.23	71.14	8.18	8.40	1.35	0.81
B53	1918.72	28.29	50.50	6.18	21.83	3.90	0.92	3.10	0.46	2.27	0.42	1.16	0.18	1.12	0.18	120.52	12.56	17.02	2.23	0.78
B54	1919.99	22.86	40.29	5.08	18.66	3.35	0.91	2.83	0.47	2.58	0.52	1.49	0.25	1.55	0.25	101.10	9.16	9.92	1.47	0.88
B39	1920.57	28.57	50.70	6.11	21.30	3.95	0.99	3.37	0.55	2.96	0.59	1.69	0.29	1.74	0.29	123.09	9.73	11.10	1.57	0.81
B55	1920.73	4.54	6.65	0.90	3.21	0.54	0.15	0.43	0.07	0.37	0.07	0.21	0.03	0.21	0.03	17.42	11.23	14.91	1.69	0.92
B56	1922.32	22.21	40.02	5.02	17.60	3.37	0.87	2.91	0.50	2.80	0.57	1.69	0.29	1.77	0.29	99.90	8.24	8.47	1.33	0.83
B57	1927.73	19.48	34.87	4.22	15.19	2.81	0.76	2.37	0.39	2.05	0.39	1.11	0.18	1.09	0.17	85.09	9.97	12.02	1.75	0.88

续表

样品号	深度/m	La/10^{-6}	Ce/10^{-6}	Pr/10^{-6}	Nd/10^{-6}	Sm/10^{-6}	Eu/10^{-6}	Gd/10^{-6}	Tb/10^{-6}	Dy/10^{-6}	Ho/10^{-6}	Er/10^{-6}	Tm/10^{-6}	Yb/10^{-6}	Lu/10^{-6}	$\sum$REE/10^{-6}	LREE/HREE	(La/Yb)$_N$	(Gd/Yb)$_N$	δEu
B58	1929.5	24.45	42.86	5.24	18.95	3.38	0.80	2.75	0.45	2.44	0.48	1.40	0.24	1.48	0.24	105.18	10.09	11.15	1.50	0.77
B59	1938.24	17.88	32.31	3.97	13.43	2.49	0.94	2.09	0.34	1.83	0.36	1.01	0.17	1.02	0.16	78.00	10.17	11.84	1.66	1.23
B68	1941.14	20.74	36.72	4.54	16.01	2.89	0.71	2.34	0.37	1.94	0.37	1.04	0.17	1.08	0.18	89.11	10.90	12.98	1.75	0.81
B69	1943.95	23.75	42.59	5.31	18.62	3.49	0.76	2.88	0.47	2.45	0.48	1.34	0.22	1.36	0.22	103.94	10.02	11.75	1.71	0.71
B70	1944.82	37.61	67.86	8.21	29.53	5.68	1.19	4.76	0.80	4.35	0.85	2.39	0.39	2.42	0.39	166.43	9.18	10.49	1.59	0.68
B71	1946.49	33.93	61.26	7.55	26.97	4.77	1.00	3.92	0.66	3.71	0.76	2.25	0.39	2.51	0.42	150.12	9.26	9.12	1.26	0.68
B72	1952.47	36.01	64.45	8.07	28.42	5.26	1.19	4.41	0.73	4.05	0.81	2.36	0.41	2.59	0.43	159.19	9.08	9.36	1.37	0.74
B73	1955.53	24.58	42.60	5.25	18.13	3.35	0.81	2.77	0.46	2.49	0.49	1.42	0.24	1.51	0.24	104.33	9.85	10.97	1.48	0.79
B74	1957.18	21.35	38.06	4.87	18.36	3.51	0.81	2.75	0.41	2.15	0.44	1.28	0.22	1.39	0.23	95.84	9.80	10.35	1.60	0.77
B75	1959.07	26.37	46.56	5.76	20.27	3.68	0.93	2.97	0.49	2.71	0.56	1.72	0.31	2.03	0.35	114.70	9.29	8.75	1.18	0.84
B76	1962.57	33.28	59.39	7.25	25.40	4.68	1.03	3.89	0.64	3.55	0.72	2.09	0.37	2.36	0.40	145.05	9.34	9.50	1.33	0.72
B77	1966.18	13.10	23.08	2.77	9.66	1.74	0.61	1.40	0.21	1.07	0.20	0.57	0.09	0.57	0.09	55.17	12.09	15.46	1.98	1.15
B79	1971.70	15.82	28.34	3.50	12.45	2.32	0.66	1.98	0.33	1.77	0.34	0.94	0.15	0.90	0.14	69.63	9.64	11.90	1.78	0.92
B80	1980.12	17.31	30.97	3.80	13.04	2.31	0.56	1.85	0.29	1.54	0.30	0.87	0.14	0.87	0.15	74.00	11.33	13.36	1.71	0.81
B81	1982.57	23.63	42.10	5.43	18.91	3.71	0.84	3.39	0.57	3.07	0.59	1.58	0.25	1.51	0.24	105.84	8.44	10.57	1.82	0.71
B61	1989.30	17.47	31.68	3.83	12.94	2.32	0.57	1.88	0.29	1.52	0.30	0.86	0.14	0.87	0.14	74.82	11.48	13.61	1.75	0.82
B62	1993.16	29.93	54.25	6.60	22.97	4.23	0.93	3.53	0.58	3.21	0.64	1.88	0.33	2.07	0.34	131.49	9.47	9.74	1.37	0.72
B63	1994.90	35.76	64.13	7.78	27.72	5.30	1.26	4.62	0.77	4.20	0.83	2.34	0.39	2.42	0.39	157.92	8.89	9.95	1.54	0.76
B64	1995.22	37.05	68.17	8.33	30.27	5.71	1.23	4.83	0.81	4.32	0.85	2.40	0.40	2.43	0.39	167.19	9.18	10.26	1.60	0.70
B65	1999.38	8.75	14.20	2.37	8.84	2.02	0.47	1.47	0.25	1.40	0.29	0.89	0.16	1.02	0.17	42.28	6.49	5.76	1.16	0.79
B66	2002.59	24.19	43.12	5.37	19.09	3.50	0.85	2.89	0.46	2.43	0.47	1.29	0.21	1.28	0.20	105.34	10.41	12.73	1.82	0.80
B67	2003.61	16.39	29.80	3.59	13.08	2.30	0.58	1.89	0.30	1.57	0.30	0.84	0.14	0.85	0.14	71.77	10.91	13.04	1.80	0.83

表 3-4　大民屯凹陷沈检 5 井沙三段微量元素含量表

（单位：10^{-6}）

层位	样品	深度/m	Co	Ni	V	Cr	Sr	Rb	Ba	Mn	Th	Sc	Ce	Nb	Ta	Zr	Hf	Y	U
S_3^3Ⅲ	B1	1778.1	17.83	41.26	77.53	100.62	161.26	80.34	778.45	221.46	7.51	9.74	65.31	17.66	1.23	370.15	9.72	20.44	2.07
	B2	1781.5	13.10	31.91	69.03	92.71	227.23	67.30	599.08	4420.70	5.80	9.22	42.82	12.95	0.95	397.38	9.98	14.93	1.57
	B3	1781.9	19.67	62.67	73.56	148.20	176.26	64.26	783.53	1872.06	5.97	12.56	43.11	13.02	0.94	433.99	10.70	15.98	1.53
	B4	1782.1	12.11	31.77	44.54	58.12	135.69	62.17	631.11	287.79	3.96	5.33	38.84	9.33	0.67	178.00	4.49	13.53	2.04
	B5	1782.7	10.33	22.80	25.98	31.88	134.74	65.68	1248.82	127.68	3.19	2.88	30.45	7.13	0.49	127.50	3.25	9.20	0.86
	B7	1866.5	9.32	30.32	39.76	37.45	346.10	71.56	637.76	2224.68	3.36	4.44	30.33	6.92	0.58	148.03	3.65	9.75	0.75
	B8	1866.9	8.37	23.26	35.92	36.34	191.71	35.40	699.95	1138.21	2.45	2.65	22.02	6.65	0.45	138.97	3.46	6.52	0.71
	B9	1867.6	9.35	20.57	36.30	35.54	151.66	74.73	638.57	161.91	3.53	3.58	30.79	6.83	0.51	118.81	2.94	8.19	0.72
	B10	1869.2	11.01	21.76	45.50	45.59	150.11	75.79	757.65	194.25	4.70	5.03	35.03	9.01	0.62	126.06	3.20	9.79	0.99
	B11	1869.7	7.75	15.91	27.44	32.21	147.78	73.21	909.53	116.50	4.68	3.28	30.91	7.89	0.64	148.96	3.92	8.81	0.91
	B12	1869.8	6.62	15.14	25.60	28.48	146.66	72.81	684.41	82.48	3.64	2.66	28.50	8.00	0.56	147.10	3.78	8.22	0.77
	B13	1870.3	5.36	17.96	18.04	28.97	178.27	67.43	2221.87	66.19	3.25	2.81	22.90	4.56	0.39	69.28	1.90	5.63	0.69
	B14	1870.4	6.14	18.01	28.23	28.23	164.80	75.80	976.94	48.12	3.32	2.44	21.81	5.75	0.45	135.76	3.52	6.24	0.76
	B16	1872.3	13.94	40.81	63.91	120.88	156.95	81.00	636.89	165.24	9.39	10.05	64.52	20.34	1.40	388.73	10.57	20.96	2.74
S_3^4Ⅰ	B19	1877.4	7.27	21.53	34.69	60.04	347.54	68.74	595.04	2998.63	5.82	6.05	40.25	11.63	0.93	223.17	5.88	12.55	1.33
	B21	1877.9	14.16	36.65	47.09	63.51	278.62	77.59	676.93	2305.58	6.27	6.55	43.95	11.76	0.94	181.97	4.74	15.74	1.54
	B22	1878.1	13.78	30.11	52.50	75.72	136.12	77.72	773.76	141.22	6.85	6.65	45.51	18.42	1.25	459.94	11.69	16.06	1.82
	B25	1880.7	18.98	40.44	78.44	92.72	163.08	92.58	868.85	314.85	8.25	10.21	58.12	18.75	1.40	314.17	8.16	18.58	2.04
	B26	1881.0	7.16	26.17	43.60	51.22	233.12	82.43	848.67	322.63	4.79	5.65	52.97	9.74	0.74	145.07	4.05	9.59	2.65
	B27	1883.5	15.56	26.79	38.50	40.33	107.69	104.75	949.88	222.03	8.00	4.92	52.06	16.43	1.29	191.02	5.23	19.01	2.39
	B28	1884.0	14.72	27.57	27.55	34.38	149.04	91.20	4858.94	141.33	9.58	4.47	46.80	14.03	1.45	101.81	3.02	14.40	1.49
	B29	1885.9	6.45	11.69	15.93	16.75	397.11	66.98	751.34	757.85	3.24	2.82	25.09	5.30	0.44	66.27	1.83	7.38	0.77
	B32	1886.0	5.85	12.90	18.02	22.24	164.77	64.91	882.86	102.54	2.85	1.83	23.31	4.44	0.40	159.29	4.20	6.45	0.68
	B34	1894.3	23.83	37.83	49.16	84.42	175.10	80.12	876.44	144.95	6.47	7.41	47.35	16.70	1.13	402.44	10.64	17.62	1.80

续表

层位	样品	深度/m	Co	Ni	V	Cr	Sr	Rb	Ba	Mn	Th	Sc	Ce	Nb	Ta	Zr	Hf	Y	U
S_3^4 II	B35	1895.0	10.12	27.96	55.11	100.48	185.66	87.72	654.04	145.73	7.83	8.69	58.64	18.03	1.21	254.83	6.96	17.19	1.73
	B37	1896.8	10.94	40.15	73.86	111.58	207.79	93.56	655.53	232.64	9.73	9.82	68.17	22.47	1.49	379.65	10.17	18.06	2.27
	B38	1899.3	21.66	50.32	65.45	80.71	167.50	91.79	740.45	279.11	6.70	8.16	50.88	14.17	1.04	236.83	6.56	16.17	1.75
	B40	1900.7	9.76	19.13	21.05	39.15	163.09	70.46	984.56	77.21	3.73	2.80	30.04	6.05	0.48	158.31	4.14	7.77	0.79
	B41	1903.8	8.08	15.90	30.39	44.65	117.05	76.62	669.99	67.39	5.11	3.98	34.58	13.39	0.92	173.26	4.59	14.27	1.35
	B42	1908.9	7.37	17.66	19.42	24.08	389.70	69.79	852.02	621.43	3.55	2.78	28.39	5.36	0.46	131.67	3.43	8.24	0.85
	B43	1909.4	6.36	14.65	21.40	24.33	174.08	74.75	664.03	250.37	3.80	2.15	29.23	5.61	0.46	103.23	2.85	7.75	0.80
	B44	1910.3	5.81	11.58	18.92	20.92	136.88	69.56	715.27	114.77	3.38	2.05	28.34	5.67	0.46	103.33	2.71	6.49	0.73
	B45	1910.3	6.29	14.42	20.36	25.33	125.84	74.89	783.30	136.95	3.26	2.30	20.32	5.88	0.46	122.93	3.27	7.42	0.66
	B46	1911.1	7.68	15.26	28.69	25.81	143.79	72.60	633.57	132.07	4.05	3.00	30.24	7.36	0.59	163.66	4.36	8.51	0.98
	B47	1911.9	7.22	15.35	22.15	26.97	138.08	72.27	682.91	118.67	3.83	2.63	27.74	6.64	0.51	128.82	3.42	7.74	0.86
	B48	1913.4	15.85	33.36	37.26	100.69	161.37	85.36	702.87	150.15	9.03	6.53	49.70	16.86	1.25	325.50	8.34	16.36	8.33
	B49	1914.3	11.80	24.66	39.08	52.26	167.87	88.04	741.84	210.06	5.24	4.44	36.49	10.35	0.81	172.30	4.46	10.40	1.15
	B50	1915.4	12.92	29.63	46.10	72.30	143.46	99.10	793.03	227.03	8.45	6.17	57.35	19.53	1.31	391.08	9.82	17.31	2.25
	B51	1915.9	6.77	14.26	21.06	23.80	155.65	66.46	708.34	99.37	3.42	2.19	27.24	6.04	0.43	150.13	3.92	6.91	0.77
	B52	1917.9	19.36	45.42	40.84	56.73	110.32	53.52	1078.94	134.11	5.16	2.68	25.47	10.22	0.72	481.60	12.49	10.29	1.20
	B53	1918.7	19.30	39.51	48.08	72.54	178.22	82.38	963.10	259.19	7.27	6.67	50.50	11.23	0.80	108.62	3.04	11.13	1.26
	B54	1920.0	12.13	25.45	51.97	62.21	190.19	88.10	963.15	314.88	5.84	6.34	40.29	11.17	0.84	216.72	5.57	14.61	1.48
	B39	1920.6	15.00	30.37	59.85	66.84	188.40	82.98	1315.31	372.20	6.93	7.56	50.70	14.91	1.11	211.73	5.89	16.15	1.81
	B56	1922.3	13.77	26.51	50.99	46.21	174.29	87.98	845.75	500.47	4.68	5.92	40.02	9.28	0.68	169.26	4.42	16.22	1.26
	B57	1927.7	7.73	13.88	33.89	32.16	524.39	70.72	717.68	1093.61	4.11	5.74	34.87	7.28	0.55	139.37	3.63	11.59	0.90
	B58	1929.5	13.37	26.86	39.15	50.07	154.29	94.53	823.66	285.69	6.09	5.60	42.86	13.35	0.93	222.65	5.80	13.47	1.41
	B59	1938.2	6.45	12.77	28.88	19.38	177.34	82.16	3904.32	150.98	4.39	2.25	32.31	7.47	0.59	152.08	3.93	10.01	1.00
	B68	1941.1	10.65	25.55	26.67	44.75	142.26	78.70	659.24	166.43	4.55	3.60	36.72	11.60	0.84	185.21	4.46	10.22	1.19

续表

层位	样品	深度/m	Co	Ni	V	Cr	Sr	Rb	Ba	Mn	Th	Sc	Ce	Nb	Ta	Zr	Hf	Y	U
	B69	1944.0	11.10	24.33	34.68	47.79	144.98	91.18	608.32	230.50	5.48	5.39	42.59	11.61	0.82	197.00	4.94	13.58	1.36
	B70	1944.8	14.98	33.26	51.15	79.17	155.30	105.42	866.15	612.07	9.04	8.14	67.86	18.57	1.35	221.43	6.05	23.12	1.99
	B71	1946.5	18.53	37.79	60.16	111.26	154.71	99.00	755.08	96.31	8.71	8.36	61.26	23.79	1.70	523.88	13.03	20.55	2.79
	B72	1952.5	17.11	37.30	61.84	111.00	199.62	112.92	842.65	250.89	9.05	10.12	64.45	23.65	1.56	543.43	13.50	22.77	2.21
	B73	1955.5	9.79	21.88	46.38	65.55	154.15	96.10	1089.83	120.85	6.63	6.66	42.60	17.07	1.21	136.25	3.69	13.71	1.63
	B74	1957.2	10.64	20.88	28.13	59.07	395.40	68.72	683.48	974.54	5.30	5.07	38.06	12.00	0.87	322.40	7.76	12.21	1.28
	B75	1959.1	11.82	24.23	56.09	110.23	197.41	91.08	923.91	199.15	6.21	8.29	46.56	16.88	1.16	512.87	12.45	16.14	1.98
	B76	1962.6	15.89	35.33	69.62	94.19	160.98	93.24	746.02	248.13	8.44	10.34	59.39	18.52	1.27	534.14	12.88	20.30	2.34
	B77	1966.2	5.65	11.73	16.77	21.79	238.11	64.89	1427.67	325.79	2.69	2.30	23.08	4.38	0.34	108.17	2.76	5.69	0.67
S_3^4	B79	1971.7	5.50	14.16	15.04	17.02	483.55	69.57	744.47	693.43	3.29	3.98	28.34	5.29	0.45	105.02	2.68	10.20	0.62
	B80	1980.1	7.63	13.45	17.63	21.94	158.05	73.59	683.26	158.46	4.25	2.29	30.97	7.18	0.53	177.99	4.59	8.53	0.90
	B81	1982.6	10.33	25.09	32.95	41.87	139.10	81.65	592.96	277.12	5.76	5.12	42.10	13.26	0.94	196.03	4.67	18.61	1.43
	B61	1989.3	10.06	21.77	25.52	29.43	175.15	75.56	679.71	297.02	3.85	3.47	31.68	6.41	0.49	112.27	2.83	8.08	0.78
	B62	1993.2	10.07	24.20	43.58	88.39	138.34	98.10	724.57	137.11	7.92	7.56	54.25	21.01	1.35	311.28	8.02	18.48	2.03
	B63	1994.9	12.76	39.08	97.00	151.26	205.08	97.23	692.07	423.27	8.87	13.94	64.13	25.00	1.57	299.86	7.87	23.57	2.03
	B64	1995.2	36.05	86.30	79.92	114.89	187.09	100.21	687.20	373.84	8.89	12.56	68.17	20.62	1.43	242.69	6.47	23.70	2.21
	B65	1999.4	8.28	18.31	0.00	53.77	55.03	20.84	570.98	123.89	2.23	1.17	14.20	4.24	0.33	338.42	7.56	5.44	1.10
	B66	2002.6	11.87	22.62	43.64	57.96	161.90	89.66	753.29	232.41	5.29	5.88	43.12	10.74	0.76	145.92	3.88	13.34	1.15
	B67	2003.6	11.90	37.12	12.40	31.42	167.07	78.87	698.70	152.43	3.39	2.15	29.80	5.95	0.46	153.69	3.85	8.53	0.81

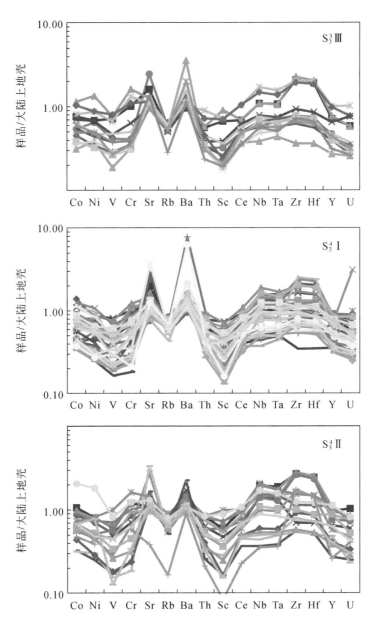

图 3-17　沈检 5 井沙三段微量元素分布图（标准化数据引自 Taylor and McLennan，1985）

3. 主量元素特征

样品中 SiO_2 和 Al_2O_3 含量普遍较高，差异较大，SiO_2 含量介于 50.86% ~ 78.53% 之间，平均 71.59%，Al_2O_3 含量为 9.07% ~ 14.91%，平均 11.88%。$MgO+Fe_2O_3$ 含量（1.32% ~ 7.77%）和 K_2O/Na_2O 值（0.84 ~ 2.36）均较高，S_3^4 Ⅱ、S_3^4 Ⅰ 至 S_3^3 Ⅲ 的 $MgO+Fe_2O_3$ 平均值分别为 3.90%、3.48% 和 4.17%，K_2O/Na_2O 平均值分别为 1.45、1.34 和 1.11，均高于

大陆上地壳的平均值（0.87）。Th/U 值差异较大，介于 1.08 ~ 6.43 之间，大部分介于 3.0 和 5.0 之间。Mn 含量较高，平均 502.18，$S_3^4 II$、$S_3^4 I$ 至 $S_3^3 III$ 的 Mn 含量分别为 311.96、399.77 和 794.80（表 3-5）。

表 3-5　大民屯凹陷沈检 5 井沙三段主量元素含量表　　　　（单位:%）

层位	样品号	深度/m	SiO_2	TiO_2	Al_2O_3	Fe_2O_3	MnO	MgO	CaO	Na_2O	K_2O	P_2O_5
$S_3^3 III$	B1	1778.07	71.31	0.955	12.33	6.03	0.025	1.21	0.47	1.82	2.23	0.128
	B2	1781.51	54.82	0.804	11.22	4.20	0.490	1.2	12.21	2.31	2.17	0.175
	B3	1781.86	61.68	0.876	12.58	6.25	0.216	1.44	4.47	2.45	2.07	0.210
	B4	1782.12	74.17	0.444	12.05	3.93	0.036	0.77	0.66	2.09	2.50	0.124
	B5	1782.74	77.24	0.223	10.99	2.12	0.016	0.37	0.36	1.91	2.28	0.059
	B7	1866.5	62.14	0.289	10.46	3.08	0.240	0.85	9.06	2.34	2.31	0.057
	B8	1866.86	70.35	0.256	11.27	2.49	0.143	0.58	5.54	2.16	2.42	0.100
	B9	1867.62	74.97	0.202	11.49	3.34	0.019	0.67	0.45	2.18	2.45	0.099
	B10	1869.21	74.29	0.313	12.78	3.71	0.021	0.79	0.54	2.38	2.59	0.145
	B11	1869.67	76.61	0.229	11.89	1.85	0.017	0.45	0.41	2.33	2.58	0.068
	B12	1869.77	78.53	0.235	11.51	1.57	0.010	0.35	0.38	2.28	2.57	0.065
	B13	1870.3	77.36	0.117	10.96	1.29	0.007	0.26	0.36	2.35	2.33	0.040
	B14	1870.36	76.14	0.126	11.98	1.54	0.008	0.30	0.37	2.29	2.61	0.039
	B16	1872.25	69.90	1.156	13.14	6.33	0.022	1.44	0.40	1.63	2.40	0.126
$S_3^4 I$	B19	1877.36	51.67	0.481	9.70	3.78	0.349	1.06	14.41	1.82	2.22	0.096
	B21	1877.88	52.35	0.473	11.00	5.31	0.273	1.42	11.80	1.71	2.37	0.109
	B22	1878.06	73.24	0.878	12.38	3.16	0.019	0.76	0.50	1.87	2.50	0.104
	B25	1880.74	66.50	0.822	14.91	4.85	0.039	1.41	0.62	2.02	2.78	0.144
	B26	1880.96	72.15	0.357	12.63	3.25	0.041	0.60	1.34	2.09	2.74	0.047
	B27	1883.54	73.00	0.357	12.41	2.98	0.027	0.73	0.84	1.32	3.12	0.084
	B28	1884.02	75.99	0.310	10.38	2.30	0.017	0.52	0.37	1.22	2.72	0.065
	B29	1885.87	52.69	0.135	9.23	1.49	0.085	0.63	16.38	2.19	2.29	0.050
	B32	1885.95	75.86	0.121	12.22	1.24	0.016	0.27	0.50	2.74	2.56	0.057
	B34	1894.26	72.34	0.933	12.09	4.64	0.017	1.07	0.48	2.23	2.60	0.102
	B35	1894.98	70.67	1.009	13.38	5.12	0.02	1.43	0.51	1.94	2.60	0.115
	B37	1896.79	70.01	1.076	14.46	4.09	0.029	1.34	0.73	1.75	2.67	0.079
	B38	1899.25	70.64	0.561	12.40	6.04	0.037	1.48	1.13	1.73	2.63	0.063
	B40	1900.72	76.97	0.247	11.56	1.63	0.01	0.42	0.46	2.52	2.6	0.059
	B41	1903.75	76.78	0.546	10.67	2.16	0.009	0.50	0.27	1.73	2.59	0.047
	B42	1908.87	68.39	0.135	10.92	1.42	0.074	0.31	6.43	2.13	2.43	0.058

续表

层位	样品号	深度/m	SiO_2	TiO_2	Al_2O_3	Fe_2O_3	MnO	MgO	CaO	Na_2O	K_2O	P_2O_5
S_3^4 I	B43	1909.39	75.76	0.134	11.23	1.51	0.031	0.30	1.48	2.20	2.67	0.059
	B44	1910.26	78.05	0.130	10.61	1.19	0.015	0.27	0.45	2.07	2.47	0.053
	B45	1910.3	77.50	0.136	10.90	1.45	0.018	0.30	0.46	2.03	2.68	0.057
	B46	1911.1	77.71	0.213	10.95	1.49	0.018	0.33	0.42	2.08	2.62	0.060
	B47	1911.91	73.94	0.840	12.30	2.81	0.02	0.77	0.43	2.12	2.74	0.105
	B48	1913.35	73.43	0.394	12.92	2.55	0.031	0.65	0.77	2.29	3.00	0.056
	B49	1914.25	76.62	0.145	11.29	1.13	0.015	0.30	0.47	2.39	2.48	0.064
	B50	1915.36	74.06	0.476	12.38	2.78	0.028	0.67	0.59	2.3	2.88	0.095
	B51	1915.94	74.21	0.681	12.43	2.85	0.027	0.68	0.42	1.73	2.89	0.095
	B52	1917.94	74.45	0.620	12.27	2.42	0.024	0.59	0.54	2.27	2.65	0.115
	B53	1918.72	78.15	0.205	10.58	1.34	0.013	0.30	0.44	2.20	2.45	0.062
	B54	1919.99	71.84	0.483	12.61	3.14	0.037	0.78	0.98	2.35	2.76	0.111
	B39	1920.57	69.97	0.656	13.11	4.71	0.049	1.12	1.11	1.97	2.77	0.128
	B56	1920.73	72.45	0.29	12.09	3.79	0.055	0.76	0.68	2.27	2.90	0.094
	B57	1922.32	64.69	0.215	10.64	1.90	0.119	0.44	8.37	2.04	2.27	0.095
	B58	1927.73	73.10	0.420	12.57	3.05	0.034	0.71	0.59	1.93	3.04	0.096
	B59	1929.5	78.25	0.132	11.03	1.17	0.018	0.24	0.40	2.07	2.79	0.048
	B68	1938.24	76.53	0.327	11.22	2.06	0.020	0.47	0.45	1.84	2.61	0.068
S_3^4 II	B69	1941.14	75.87	0.341	11.44	2.66	0.027	0.69	0.66	1.65	2.86	0.064
	B70	1943.95	71.61	0.647	12.27	4.80	0.075	1.00	0.86	1.48	3.07	0.121
	B71	1944.82	73.87	1.113	12.74	3.10	0.012	0.92	0.43	1.77	2.87	0.105
	B72	1946.49	70.74	0.941	13.58	4.28	0.029	1.17	0.66	2.03	2.98	0.173
	B73	1952.47	73.56	0.743	12.57	2.60	0.017	0.75	0.43	1.94	3.00	0.080
	B74	1955.53	50.86	0.495	9.07	2.52	0.107	0.92	16.16	1.79	2.17	0.111
	B75	1957.18	71.70	0.966	12.56	3.05	0.029	0.91	0.65	2.49	2.83	0.132
	B76	1959.07	69.23	0.907	11.99	4.68	0.035	1.08	0.72	1.88	2.89	0.103
	B77	1962.57	76.32	0.126	10.80	1.11	0.041	0.53	1.77	2.54	2.34	0.040
	B79	1966.18	68.76	0.117	10.32	0.99	0.077	0.33	7.85	2.10	2.71	0.060

续表

层位	样品号	深度/m	SiO_2	TiO_2	Al_2O_3	Fe_2O_3	MnO	MgO	CaO	Na_2O	K_2O	P_2O_5
S_3^4 II	B80	1971.7	77.82	0.156	11.27	1.15	0.018	0.27	0.64	2.30	2.68	0.07
	B81	1980.12	74.82	0.466	10.82	4.08	0.041	0.77	0.78	1.71	2.87	0.264
	B61	1982.57	76.27	0.182	11.19	1.55	0.036	0.46	0.88	2.18	2.63	0.071
	B62	1989.3	74.03	0.870	12.62	2.68	0.015	0.70	0.36	1.57	2.93	0.075
	B63	1993.16	62.32	1.253	14.88	7.58	0.054	2.07	0.88	1.74	2.66	0.128
	B64	1994.9	64.76	0.937	14.70	5.91	0.05	1.64	0.61	1.76	2.88	0.101
	B65	1995.22	74.16	0.915	12.06	1.79	0.027	0.52	0.85	2.05	2.59	0.132
	B66	1999.38	73.46	0.372	13.09	2.98	0.029	0.76	0.66	2.07	3.02	0.089
	B67	2002.59	76.97	0.149	11.11	1.21	0.019	0.29	0.55	2.19	2.76	0.068

3.5.3　物源区地质背景研究

1. 母岩类型分析

样品中稀土元素的球粒陨石标准化特征与大陆上地壳相近，微量元素含量整体表现为 Co、Ni 和 Cr 等亲铁性元素相对大陆上地壳接近，部分样品有亏损，其中 S_3^4 II 时期有一个样品 Co、Ni 含量很高，可能是少量受到岩浆-变质地体的影响。样品中 Th、Ce 等高场强元素接近大陆上地壳，Nb、Zr、Hf 等高场强元素在部分样品中富集。由于 Nb、Zr 主要富集于副矿物中，在大洋板块发生俯冲消减至一定深度时，随同板块一同俯冲的沉积物和板块表层蚀变的玄武岩中的流体发生脱水作用，伴随强活动性元素一同流出，而存在于副矿物中的高场强元素不随流体发生迁移（Riccardo et al., 2009），因此，部分样品中 Nb、Zr 等元素的富集说明物源中有来自大洋板块俯冲过程中产生的残留体（表 3-3）。主量元素中较高的 SiO_2 含量说明石英或富含 SiO_2 的矿物（如长石）含量较高，矿物成分成熟度较高，较高的 $MgO+Fe_2O_3$ 含量显示母岩受到基性岩的影响较大。根据以上元素特征，我们认为，大民屯凹陷沙三段的母岩主要来自大陆上地壳，但受到来自幔源的大陆岛弧火山岩的影响（Rudnick and Gao, 2003）。

微量元素判别图可更好地确认母岩类型。Zr/Sc-Th/Sc 图中样品具有较高的 Th/Sc、Zr/Sc 值，其中 Zr/Sc 值均高于大陆上地壳（McLennan, 1993）。样品投影主要集中在上地壳的长英质火山岩附近，并沿着锆石富集趋势线（图中带箭头实线）分布，显示母岩主要来自上地壳的长英质火山岩，且在沉积过程中受到分选作用或者再旋回作用的影响，从而使 Zr 元素在沉积物中优先富集。S_3^4 I 中有两个样品沿着初始沉积循环线（图中虚线）分布，说明部分沉积物未经过源岩的循环搬运。总的来看，S_3^4 II 至 S_3^3 III 的沉积物中稳定组分比例下降，沉积再旋回物质的影响逐渐减小，反映了研究区的母岩成分在不断变化，不稳定组分含量较高的物源供给在不断增加（图 3-18）。Hf-La/Th 图显示，大部分样品落在长英质、基性岩混合物源区以及酸性岩浆弧物源区，并含有较多老沉积物组分，混源现象明显。S_3^4 II 至 S_3^3 III 时期，酸性岩浆弧物源影响明显降低，老沉积物组分含量减少，与 Zr/Sc-Th/Sc 判别图结果一致（图 3-19）。La/Sc-Co/Th 图显示，样品的投点较为分散，主要介于长英质火山岩和太古宙 TTG 岩系之间，少量样品受到安山岩和玄武岩的影响（Taylor and McLennan，1985；图 3-20）。本书认为，大民屯凹陷沙三段的母岩以大陆上地壳的长英质火山岩和太古宙的古老岩石为主，并受到少量来自幔源的大陆岛弧中基性岩浆影响，且该影响在 S_3^4 II 至 S_3^3 III 期间逐渐增强。

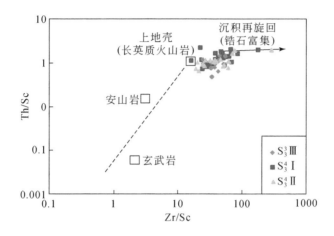

图 3-18 大民屯凹陷沈检 5 井沙三段 Zr/Sc-Th/Sc 判别图

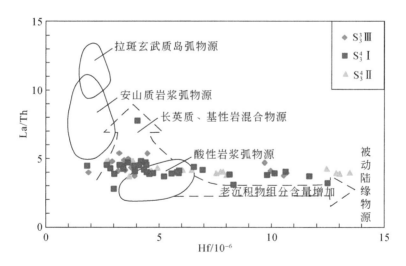

图 3-19 大民屯凹陷沈检 5 井沙三段 Hf-La/Th 判别图

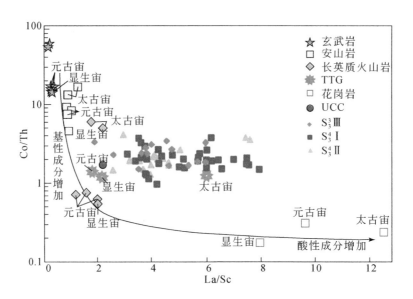

图 3-20　大民屯凹陷沈检 5 井沙三段 La/Sc-Co/Th 判别图

2. 源区的风化程度

　　化学蚀变指数（CIA）可定量评价化学风化强度，$CIA = n(Al_2O_3)/[n(Al_2O_3) + n(CaO^*) + n(Na_2O) + n(K_2O)] \times 100$，值越大风化作用越强。式中各元素采用摩尔百分含量，CaO^* 仅代表样品硅酸盐中的 CaO。通常硅酸盐中 CaO^* 与 Na_2O 之比为 $1:1$，当全岩样品 CaO 摩尔百分含量大于 Na_2O 时，取 $n(CaO^*) = n(Na_2O)$；而小于 Na_2O 时，则取 $n(CaO^*) = n(CaO)$，本书所有涉及 CaO^* 的计算均依此方法处理（McLennan，1993）。样品线与 Pl-Ksp 线的交点反映样品的源岩成分与花岗闪长岩相近，且趋势线较好地指向黏土矿物，说明源区的化学风化主要是花岗闪长岩源岩中的斜长石向黏土矿物转化（Fedo et al.，2003）。图中的化学风化趋势线相对理想风化线发生右倾，可能与成岩作用或钾交代作用有关。由 $S_3^4 II$ 至 $S_3^3 III$ 期间，化学风化趋势线逐渐接近花岗闪长岩的理想趋势线，说明随着沉积的进行，高岭石的伊利石化和斜长石的钾交代作用逐渐减弱（图 3-21）。样品的 CIA 值总体在 $48.78 \sim 68.60$ 之间，平均 60.54，反映源区所经历的化学风化作用较弱，也可能经历了较强烈的构造运动（张妮等，2012b）。$S_3^4 II$、$S_3^4 I$ 至 $S_3^3 III$ 的 CIA 平均值逐渐降低，分别为 60.72、60.57 和 60.24，说明化学风化作用可能在逐渐减弱。

　　稀土和微量元素也可以较好地反映源区的风化程度。稀土元素中的 $(La/Yb)_N$ 值较小时说明较多重稀土元素迁移并相对富集于当前沉积物中，即当前沉积物在沉积过程中经历了较强的风化作用或是经过了较长距离的搬运（Zhang N et al.，2014；Gorty，1996）。样品中的 $(La/Yb)_N$ 值平均为 11.73，明显高于平均大陆上地壳（9.19），说明源岩的化学风化程度或搬运距离较小。在化学风化过程中，稳定的阳离子（如 Al^{3+}、Ti^{4+}、Zr^{4+} 等）被保存在风化产物中，而不稳定的阳离子（Na^+、Ca^{2+}、K^+ 等）往往流失，元素的丢失程度取决于化学风化强度。Sr 元素通常富集于斜长石中，因此，斜长石的风化分解可导致母岩中

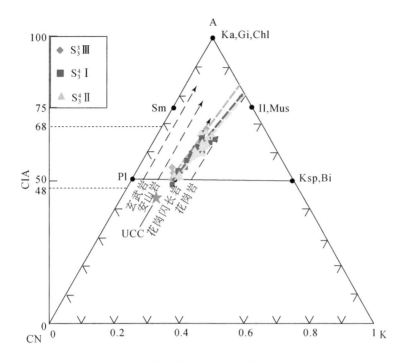

图 3-21　大民屯凹陷沈检 5 井沙三段 A-CN-K 判别图

$A = n(Al_2O_3)$，$CN = n(CaO^*) + n(Na_2O)$，$K = n(K_2O)$；

Ka = 高岭石；Gi = 水铝矿；Chl = 绿泥石；Sm = 蒙脱石；Il = 伊利石；Mus = 白云母；Pl = 斜长石；Ksp = 钾长石；Bi = 黑云母

Sr 的流失以及 K 通过离子交换而进入黏土矿物。样品中的 Sr 元素相对大陆上地壳富集，SiO_2-Al_2O_3 判别图显示样品中矿物成分主要在石英和斜长石之间变化，反映源区所经历的化学风化作用较弱（Cullers，2000；图 3-22a）。

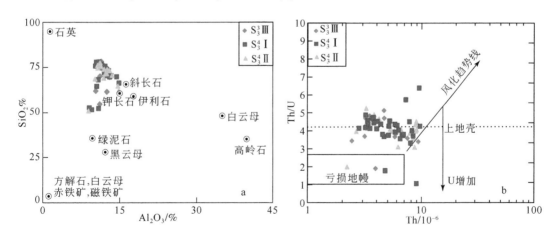

图 3-22　大民屯凹陷沈检 5 井 SiO_2-Al_2O_3 判别图和 Th-Th/U 判别图

源区的风化作用和沉积物的再旋回过程均可导致难溶的 U^{4+} 在风化作用过程中氧化为易溶的 U^{6+}，导致 U 元素流失，因此沉积岩的 Th/U 与风化作用强度呈正相关。具火山物质背景的沉积岩 Th/U 值<3.0；当 Th/U 值>4.0 时，沉积岩的形成与母岩的风化作用有关，而当 Th/U 值>5.0 时，表明母岩经历了明显的风化作用过程（McLennan，1993）。Th-Th/U 图解显示，样品的 Th/U 值差异较大，主要集中在 1.8 ~ 6.4 之间，但大部分接近上地壳平均值 3.8，说明源区的风化程度整体较弱，部分样品 Th/U 值<3.0，甚至接近亏损地幔，受化学风化作用影响非常小（图 3-22b）。

综上所述，大民屯凹陷的源区所经历的化学风化作用影响较弱，可能是由于经历了强烈的构造运动后抬升地面并接受了快速剥蚀和沉积，也可能是气候条件向着更适合于物理风化的方向演化。

3. 古环境恢复

岩层中元素的分配除了取决于元素本身的物理化学性质，还受到古环境的密切影响。大量数据分析研究认为，Mn/Sr<10 表示样品基本未受到成岩蚀变的影响（Kaufman and Knoll，1995）。研究区样品中除了两个样品的 Mn/Sr 值高于 10，其他所有样品 Mn/Sr 均小于 10，平均 2.11，说明样品未受到成岩作用的影响，本次所测数据可代表原始沉积时期的元素地球化学特征值，可用于沉积环境分析。在相对潮湿的气候条件下，沉积岩中喜湿型元素 Fe、Al、V、Ni、Ba、Zn 和 Co 等含量较高；而在干燥气候条件下由于水分的蒸发，水介质的碱性增强，喜干型元素 Na、Ca、Mg、Cu、Sr 和 Mn 被大量析出形成各种盐类沉积在水底，所以它们的含量相对增高（宋明水，2005）。

为了选取具有代表性的元素比值来分析沈检 5 井元素分布的纵向变化，本书根据"聚类重新标定距离"将样品中距离小于 15 的主量元素和微量元素分为 4 组（①、②、③、④）。②组又可按距离小于 10 进一步分为②-1 和②-2 组。Fe、Al、V、Ni 和 Co 同属于相关性较高的②-1 组，所以它们之间的变化趋势是极其相似的，为避免重复，从②-1 组中挑选 Ni 和 Al 为代表，与②-2 组中的 Zn 进行对比，显示它们的变化趋势非常相似，符合喜湿型元素的分布规律（图 3-23）。同样，喜干型元素 Na、Ca、Sr 和 Mn 同属于相关性较高的③组，从中挑选 Mn 为代表，与喜湿型元素对比，显示 Mn 变化趋势与 Ni、Al 和 Zn 均相反，符合喜干型元素的分布规律。

根据上述相关性分析，选取 10 种元素和元素比值的纵向变化进行古环境的恢复。Mn 在湖水中常以 Mn^{2+} 稳定存在，只有当湖水强烈蒸发而使 Mn^{2+} 浓度饱和时，它才会大量沉淀，从而在岩石中显示高值。这高值应是炎热干旱气候的标志，而平稳变化的低值区则表明较为持续的温湿或半干旱气候（张天福等，2016）。样品中 Mn 含量较高，由 $S_3^4 \, II$ 至 $S_3^3 \, III$ 的 Mn 含量分别为 311.96×10^{-6}、399.77×10^{-6} 和 794.80×10^{-6}，说明气候环境干热，且干热程度加剧。元素比值能更好地反映古气候变化，比如喜干型元素 Sr 和喜湿型元素 Cu 的质量分数比值（Sr/Cu 值）通常可以指示古气候的变化，一般 1<Sr/Cu<10 指示温湿气候，Sr/Cu>10 指示干热气候（范玉海等，2012）。研究区样品的 Sr/Cu 值差异明显，介于 5.44 ~ 105.3 之间，大部分样品 Sr/Cu 值>10，平均 21.77，说明沙三段沉积时期以干热气候为主，但这期间出现 7 次气候干热明显的波动。Rb、Sr 离子半径不同，离子半径较大的

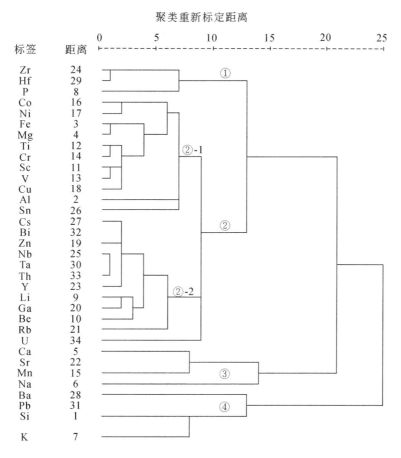

图 3-23　大民屯凹陷沈检 5 井沙三段碎屑岩主量和微量元素聚类分析图

Rb 元素容易在温湿条件下被黏土吸附富集，Sr 元素一般则是在偏干旱时沉积，所以温湿环境下 Rb/Sr 值呈高值（李明龙等，2019）。样品的 Rb/Sr 值很小，基本介于 0.13 ~ 0.71，平均 0.46，说明气候干热，但有明显气候波动，波动情况与 Sr/Cu 值变化一致，说明干热现象明显。整体而言，$S_3^4 Ⅱ$、$S_3^4 Ⅰ$ 至 $S_3^3 Ⅲ$ 的 Rb/Sr 平均值逐渐减小，分别为 0.49、0.48 和 0.42，说明该区气候的干热程度逐渐加强（图 3-15）。

MgO/CaO 值是气候变化的良好指示剂，当钠盐、钾盐等易溶性盐类参与沉淀时，Na^+、K^+的相对高值和 MgO/CaO 低值共同指示干热气候，而当钠盐、钾盐等易溶性盐类不参与沉淀时，MgO/CaO 高值指示干热气候，低值指示潮湿气候。样品中主量元素以 SiO_2 为主，平均 71.43%，其次为 Al_2O_3、Fe_2O_3、Na_2O、K_2O，质量分数平均分别为 12.06%、3.09%、2.78%、1.96%，较高的 K_2O 和 Na_2O 含量表明钠盐和钾盐等参与了沉淀，因此，MgO/CaO 低值指示干热气候，高值指示温湿气候（周长勇等，2014；林春明等，2019a）。样品 MgO/CaO 值较低，但差异较大，介于 0.04 ~ 2.80 之间，平均 1.07，说明研究区古气候变化差异较大。$S_3^4 Ⅱ$、$S_3^4 Ⅰ$ 至 $S_3^3 Ⅲ$ 的 MgO/CaO 平均值分别为 1.18、1.00 和 1.10，整体而言，呈逐渐减小的趋势，说明古气候干热程度增加。Sr/Cu 值、Rb/Sr 值与 MgO/CaO 值的纵向变化一致，说明 $S_3^4 II$—$S_3^3 III$ 沉积时期，大民屯凹陷的古气候整体以干热为主，这期间更是出现 7 次明显的干热加重，随着沉积的进行，干热程度整体呈增强趋势。该变化波动与 CIA 指数变化也很一致，当气候变得更为干热时，对应着 CIA 的低值，指示源区的化学风化强度直接受沉积期古气候的影响（图 3-15）。

　　Sr/Ba 值是判断海陆沉积相和盐度的有效指标。Sr/Ba 值<0.6 代表陆相淡水沉积，0.6<Sr/Ba 值<1.0 代表半咸水的海陆过渡相沉积，Sr/Ba 值>1.0 代表海相（咸化湖泊）咸水沉积（童金南，1997；王爱华等，2020）。样品的 Sr/Ba 值介于 0.03～0.73 之间，平均 0.24，指示 $S_3^4 II$—$S_3^3 III$ 沉积时期古湖泊中主要为淡水。Sr/Ba 的高值对应着 Sr/Cu 的高值、Rb/Sr 低值、MgO/CaO 的低值和 CIA 的低值，说明在 $S_3^4 II$ 至 $S_3^3 III$ 沉积时期，古湖泊的盐度虽然整体较低，但会受古气候的密切影响（图 3-15）。

　　Hatch 和 Leven（1992）指出，根据 V/(V+Ni) 值可判别沉积环境，一般 V/(V+Ni)<0.46 代表氧化环境；0.46<V/(V+Ni)<0.6 指示水体分层弱，为贫氧环境或弱还原环境；而 V/(V+Ni)>0.6 指示厌氧环境或还原环境。样品中的 V/(V+Ni) 值介于 0～0.71，平均 0.58（图 3-15），说明研究区沉积环境以弱还原环境为主，沙三段沉积时期的湖水较浅。在前文的沉积相上主要表现为水下分流河道砂岩以发育块状层理及递变层理为主，水下分流间湾沉积物以发育小型波状层理、透镜状层理及水平层理为主，分流间湾生物扰动发育。

　　源区的化学风化程度、古湖泊的盐度和氧化还原程度的变化均与古气候的变化一致，这与研究区的构造特点有关。大民屯凹陷中部的静安堡—东胜堡构造带是一个四周被断层所夹持的背斜构造，构造不是很复杂，所以研究区控制元素分配的主因是古气候，从而决定了大民屯凹陷的化学风化程度、古湖泊的盐度和氧化还原程度等一系列古环境特征。

4. 构造背景

　　REE 特征参数可有效地指示不同构造背景下杂砂岩的地球化学特征。Eu 的负异常表明母岩可能为酸性火山岩或花岗岩沉积物，主要来自大陆岛弧的构造背景。通过与特征参数的综合对比发现，样品的 La、Ce、$\sum$REE 和 δEu、LREE/HREE 值与大陆岛弧接近，La/Yb、(La/Yb)$_N$ 值与大陆岛弧和被动大陆边缘均接近，说明研究区碎屑岩构造背景以大陆岛弧为主，其次为被动大陆边缘。值得注意的是，由 $S_3^4 II$ 至 $S_3^3 III$ 地层，以上各 REE 特征参数值逐渐趋近大陆岛弧特征，即随着该地区沉积的进行，其母岩的构造背景由大陆岛弧和被动大陆边缘共存逐渐过渡为以大陆岛弧为主（表 3-2）。

　　Bhatia 和 Crook（1986）所建立的微量元素 Th-Sc-Zr/10 判别图显示，研究区样品大部分落入大陆岛弧区域，少部分落入被动大陆边缘，这与应用 REE 特征参数判定的结果一致（图 3-24a）。主量元素判别图显示，投点主要落在被动大陆边缘和大陆岛弧区域内。个别样品落在其他区域内，说明源岩在沙三段沉积时期发生了混源，尤其是在 $S_3^4 II$ 和 $S_3^4 I$ 时期，构造背景较为复杂。而 $S_3^3 III$ 时期，物源相对简单（图 3-24b）。

　　中新生代辽河拗陷属渤海湾大陆裂谷盆地的一部分，太平洋板块自中生代开始不断向中国大陆俯冲、碰撞，引起大陆深部上地幔物质的运动，形成区域性隆起的构造背景。晚侏罗世时期（140 Ma），太平洋板块北西西向欧亚板块俯冲，出现西太平洋典型的沟-弧-

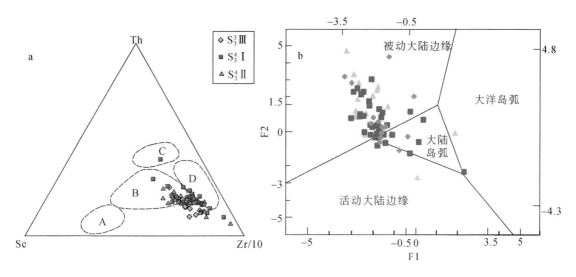

图 3-24 大民屯凹陷构造背景判别图

A. 大洋岛弧；B. 大陆岛弧；C. 活动大陆边缘；D. 被动大陆边缘；F1 = (-1. 773TiO$_2$) + (0. 607Al$_2$O$_3$) + (0. 760Fe$_2$O$_{3T}$) + (-1. 500MgO) + (0. 616CaO) + (0. 509Na$_2$O) + (-1. 224K$_2$O) + (-9. 090)；F2 = (0. 445TiO$_2$) + (0. 070Al$_2$O$_3$) + (-0. 250Fe$_2$O$_{3T}$) + (-1. 142MgO) + (0. 438CaO) + (1. 475Na$_2$O) + (1. 426K$_2$O) + (-6. 861)

盆体系（Maruyama，1997）和北北东向隆起、拗陷间列的盆-山系统开始形成。早白垩世时期（120 Ma），太平洋板块沿北北西向欧亚板块俯冲产生弧后扩张，郯庐断裂左行平移，兰聊断裂右行走滑，断层深切岩石圈并控制火山喷发和岩浆活动（Wang et al.，2012），正是该时期的板块俯冲造成的一系列火山活动使研究区具有大陆岛弧构造背景。晚始新世全球板块运动事件发生之前，太平洋板块北北西向亚洲大陆俯冲中的后撤作用导致中国大陆东部和海域裂陷盆地发育，诱使深部热物质上涌（任建业，2018）。事件发生后，沙三段开始沉积，同时太平洋板块变为北西西向俯冲，造成郯庐断裂和兰聊断裂的右旋基底走滑，使处于两条断裂重叠部位的渤海湾盆地以斜向拉分盆地形式伸展，从而造成大民屯凹陷的沙三段除具有大陆岛弧构造背景外，还具有被动大陆边缘构造背景。

　　稀土微量元素特征及判别图显示，大民屯凹陷沙三段的母岩主要来自长英质火山岩和太古宙 TTG 岩系，受到少量大陆岛弧中基性岩浆的影响，化学风化作用较弱。水下分流河道砂岩粒度较粗的沉积相特征和元素分析结果显示物源以近源为主。受辽河拗陷构造环境影响，大民屯凹陷于始新世进入强烈断陷期，导致基底岩系发生变形并形成一系列地堑、半地堑和地垒构成的基底块断系统，古近系下部沉积盖层多卷入基底断裂中。因此，研究区源岩曾在经历强烈的构造运动后抬升地面并接受了快速剥蚀和沉积。研究区地质概况显示，大民屯凹陷位于辽河拗陷的东北端，凹陷周边分布的太古宇基底岩石主要为混合岩、混合花岗岩、混合片麻岩和浅粒岩等（朱毅秀等，2018；图 3-2）。下文沉积相研究表明，沙三段时期的碎屑岩主要来自凹陷的北东方向，该方向分布有太古宇混合花岗岩和混合片麻岩。由于经历了多期次构造运动的改造，大民屯凹陷中生代地层中的中酸性火山岩也分布广泛，晚三叠世的中酸性岩浆岩脉的裂缝极为发育。早白垩世时期板块俯冲过程中的弧后扩张为大民屯凹陷提供了钙碱性的中基性幔源物质（Wu and Fu，2014）。我们认为，在太平洋板块向欧亚板块俯冲的大背景下，大民屯凹陷沙三段的物源较为复杂，主要来自太古宇变质岩基底中的混合花岗岩和混合片麻岩，以及中生代多期次构造运动过程中生成的中酸性火成岩，同时受中生代晚期幔源物质的影响。

第4章 大民屯凹陷沙河街组沉积相

沉积相为沉积环境及在该环境中形成的沉积岩（物）特征的综合，因此，沉积环境不是沉积相，沉积物或沉积岩（包括各种岩石类型）也不是沉积相；沉积物或沉积岩加上沉积环境，即沉积物或沉积岩及沉积环境的总和才是沉积相，可简称相（林春明，2019）。相标志是指能够反映沉积特征和沉积环境的标志，包活岩石与矿物、生物、沉积构造、地球化学等标志。沉积岩特征包括岩性特征（如岩石的颜色、物质成分、结构、构造、岩石类型及其组合）、古生物特征（如生物的种属和生态）以及地球化学特征等，沉积岩特征的这些要素是相应各种环境条件的物质记录，通常构成最主要的相标志。这些标志中某些标志可能具有准确的环境意义，但有些则不能以单一标志判断环境，而必须综合考虑多项标志才能判断古环境的特征（林春明等，1999，2003，2005，2006，2007，2019b，2022）。沉积相研究以相标志的研究为基础，以岩心描述和岩石相的划分为根据；根据不同相标志组合，确定沉积微相，由微相组合确定沉积亚相和沉积体系；再结合测井曲线，将岩石相转化为对应的曲线相，建立曲线相类型。在划分各口井单井相的基础上，将曲线相推广到连井地层剖面和平面沉积相中，从而得出微相、亚相和沉积体系在空间的展布规律（林春明等，2020）。

岩石的颜色、结构和构造具有一定的指相性，浅色岩石含有机质低，多形成于浅水和水动力较强下，如水下分流河道和河口坝的砂岩；而深色岩石含有机质高，常为较深水中形成，如水下分流河道间湾和浅湖泥岩。颗粒的粒度、分选性、磨圆度、支撑类型和定向性可以反映颗粒搬运距离长短和水体能量大小，杂基含量可以反映沉积介质的能量大小及是否被反复冲洗，岩屑成分类型可以反映其母岩性质。原生沉积构造是识别沉积体系非常有用的标志，它反映了沉积介质的性质、流体的水动力情况以及沉积物的搬运和沉积方式，如低能环境中出现的水平层理、流水成因的交错层理、波浪成因的波状层理以及生物成因的炭屑等（Zhang X et al.，2014，2016，2018，2021b；林春明，2019）。此外，还可以根据测井响应包括曲线幅度特征、曲线形态等特征来研究地层的沉积相。

本章从岩石相特征、岩石结构与粒度特征、测井相特征等沉积相标志入手，以沙河街组沙三段砂岩储层为主，探讨大民屯凹陷沈84—安12区块沙河街组沙三段沉积相类型，并对区域剖面沉积相、沉积体系和沉积演化进行较为深入分析。

4.1 沉积相类型及其特征

通过分析大民屯凹陷沈84—安12区块钻井、录井、测井、粒度、古生物、地球化学等资料，结合取心井的岩心观察和描述，认为大民屯凹陷沈84—安12区块沙河街组沙三段的沉积相以浅水扇三角洲前缘沉积为主，进而根据各相类型中微环境及沉积特征，划分为水下分流河道、水下分流间湾（富砂）、水下分流间湾（富泥）微相（表4-1）。河口坝和前缘席状砂不发育，符合常见浅水扇三角洲前缘沉积特点（于建国等，2002，2003；张辉等，2005；王立武，2012；朱筱敏等，2013）。

表 4-1　大民屯凹陷沈 84—安 12 区块沙河街组沙三段沉积相类型

沉积相	沉积亚相	沉积微相
浅水扇三角洲	扇三角洲前缘	水下分流河道
		水下分流间湾（富砂）
		水下分流间湾（富泥）

4.1.1　三角洲相和扇三角洲相

20 世纪 20 年代以来，随着石油地质勘探工作的开展，发现三角洲沉积地层中储集了约占全球 30% 的油、气、煤等燃料资源，其中往往是大型或特大型油气田，如科威特布尔干油田，委内瑞拉马拉开波盆地玻利瓦尔沿岸油田，美国墨西哥湾盆地白垩系、始新统、渐新统和中新统砂岩中的大部分油气藏，以及中国的黄骅拗陷、济阳拗陷和松辽盆地均发现了三角洲相的大型油田（林春明，2019）。现代大河流如黄河、长江、密西西比河、恒河、尼罗河、尼日尔河的入海口处都发育有大型的三角洲沉积体，从对现代三角洲的研究揭示古代三角洲沉积相发育特点，可为寻找有巨大经济价值的矿产提供重要资料，如 20 世纪 50 年代以密西西比河三角洲为代表的现代三角洲沉积的深入研究，为六七十年代在古三角洲沉积中发现大油气田奠定了基础。同时，沉积矿产勘探的需求又促进了现代三角洲沉积研究的热潮，为现代三角洲沉积研究指出了目标和方向。因此，目前世界各国都很重视现代和古代三角洲沉积的研究，并发表了大量有关三角洲沉积的论文和专著（林春明等，2020）。

三角洲的概念最早可追溯到公元前 5 世纪，古希腊历史学家希罗多德（Herototus）在描述尼罗河口地区冲积平原时，发现其形态同希腊字母 Δ 的形状相似，后人用英语“delta”一词表示，在中国则将其译为“三角洲”。三角洲的现代定义是在 20 世纪初由巴瑞尔提出的，他认为“三角洲是河流在一个稳定的水体中或紧靠水体处形成的、部分露出水面的一种沉积体”。目前多数人认为三角洲是河流注入海洋或湖泊时，由于水流分散，流速顿减，河流所挟带的泥砂沉积物在河口沉积下来形成的，近于顶尖向陆的三角洲大沉积体（林春明，2019）。总的来说，三角洲的定义有四方面含义：①三角洲沉积物来源于一个或几个可确定的点物源；②三角洲以进积结构为特征；③尽管三角洲能最终充填盆地，但它们都发育于盆地周缘；④因河流提供了进入盆地的物源，所以三角洲最大沉积位置受到限制。

三角洲是河流和海洋或湖泊相互作用的结果，根据相关地质营力河流、波浪、潮汐作用的大小，分为河控三角洲、浪控三角洲、潮控三角洲。在三角洲三分的基础上，根据三角洲沉积物的粒度大小，可分为粗粒三角洲和细粒三角洲，粗粒三角洲又分为辫状河三角洲和扇三角洲，细粒三角洲又分为河控、浪控和潮控三角洲（表 4-2）。

表 4-2　三角洲分类（林春明等，2020）

总类	大类	小类	主要岩性
三角洲	粗粒三角洲	辫状河三角洲	砂砾岩、砾状砂岩、粉砂岩
		扇三角洲	砂砾岩、砾状砂岩、粉砂岩
	细粒三角洲	河控三角洲	粉砂岩、细砂岩
		浪控三角洲	粉砂岩、细砂岩
		潮控三角洲	粉砂岩、细砂岩

　　扇三角洲是一个成因类型名词，不是指形状似扇形的扇状三角洲，而是三角洲的一种特殊类型（林春明，2019）。Holmes（1965）最早明确地提出了扇三角洲这一名词，将其定义为从邻近高地直接推进到稳定水体（海或湖）中的冲积扇。1885 年美国学者 G. K. Gillbert 根据湖滨的地貌特征指出了有名的吉尔伯特三角洲的沉积模式，被认为是第一个关于扇三角洲的描述。因此，扇三角洲是以冲积扇为供源，以底负载方式搬运所形成的近源砾石质三角洲。目前，国内外已报道的扇三角洲沉积模式有牙买加型（陆坡型）、阿拉斯加型（陆架型）和吉尔伯特型（断陷湖盆型）三种模式（林春明，2019）。

　　牙买加型（陆坡型）扇三角洲复合体的典型实例为牙买加东南海岸的现代 Yallahs 扇三角洲，以陆上面积小，而水下面积较大为特征，其形态受山脚地貌和高差，以及滨外陡斜坡破碎浪的影响，发育陆上扇三角洲平原、海岸过渡带、水下扇三角洲环境，常发育于裂谷或离散板块边缘、聚敛板块碰撞前缘和大洋走向滑移断层边界。

　　阿拉斯加型（陆架型）扇三角洲复合体的典型实例为发育于阿拉斯加湾东南海岸的 Copper 河扇三角洲。该类扇三角洲的主要特征为由广阔的水上扇平原和边缘没于水下的浅水台地构成、沉积体呈指状插入海相地层、常发育在构造活动的开阔海盆地边缘和受海洋沉积动力控制。

　　吉尔伯特型（断陷湖盆型）扇三角洲主要发育于断陷盆地湖滨地带，由河流出山口入湖形成，典型实例为在以色列 Lisan 湖（死海前身）的入河口处形成的一系列小型的、受周期突发洪水泛滥和河口消能作用控制的扇三角洲，其沉积特征包括由略显层理的砾岩及具平行层理和交错层理的砂岩组成的冲积扇沉积、由具波状交错层理的砂岩和厚薄不均的泥岩互层构成的数千米宽的扇前段沉积带和广阔的席状碎屑纹层状白垩沉积。此外，根据扇三角洲在断陷湖盆中的发育部位，又可划分为陡坡型扇三角洲和缓坡型扇三角洲。因断陷湖盆陡坡带断裂活动强烈，物源供给充足，该地带发育的扇三角洲平原相带甚窄，发育不完整，滨岸过渡带也窄，而水下前缘相带甚宽，具有沉积厚度大、相带窄、相变快、岩性粗而杂的特点，典型实例如我国辽河凹陷东侧兴隆台油田兴隆台扇三角洲、松辽拗陷英台扇三角洲、泌阳凹陷双河油田古近系核三段扇三角洲等。缓坡带由于构造隆升量小，物源供给相对少些，所形成的扇三角洲砂体分布范围较小，沉积厚度较薄，表现为平原相带和滨岸过渡带较宽，但前缘相带较窄的特点，典型实例为辽河凹陷西斜坡高升-西八千兴隆台扇三角洲（林春明等，2009，2015，2019b；林春明，2019）。

　　此外，吴崇筠和薛叔浩（1993）根据砂体向陆侧相邻相的差异，将扇三角洲分为靠山型和靠扇型两种类型（图4-1）。靠山型扇三角洲为冲积扇在山区小溪出口处直接入湖（海），因此，沉积体紧靠山根，扇三角洲平原就是冲积扇。靠扇型扇三角洲为冲积扇前端水流入湖（海），扇三角洲平原的顶端靠冲积扇。

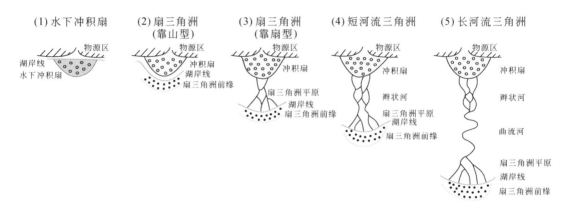

图4-1　湖岸位置与砂体类型和演变关系示意图（吴崇筠和薛叔浩，1993）

　　研究区沈84—安12区块目的层倾向于靠扇型扇三角洲，或属于短河流三角洲，可能为浅水沉积环境。浅水沉积环境的识别主要依据岩性、自生矿物特征、生物遗迹组合、古生物化石和元素地球化学等资料（表4-3）。综合各项证据，有力地证实了研究区目的层为浅水扇三角洲前缘沉积，主要发育水下分流河道微相和水下分流间湾微相，其中水下分流间湾微相又可划分出富砂型和富泥型两类。河口坝和前缘席状砂不发育，原因在于研究区扇三角洲前缘区域水动力较强且处于前缘近端，水下分流河道改道周期短，造成河道下游地区很难形成稳定的河口坝和席状砂沉积。扇三角洲前缘亚相的识别，主要依据物源特征、岩性、沉积构造及生物遗迹组合类型（表4-4），特别是岩性组成与关键沉积构造的识别。

表4-3　大民屯凹陷沈84—安12区块沙河街组浅水沉积环境证据

证据分类	特征描述
岩性	水下分流间湾泥岩主要为灰色、灰绿色及灰褐色，未见到暴露标志的氧化色泥岩
自生矿物特征	自生草莓状黄铁矿和硬石膏的发现，指示弱氧化–弱还原沉积环境，反映水体深度浅
生物遗迹组合	水下分流间湾沉积物中生物扰动构造发育，扰动强度大，以 *Planolites* 和 *Teichichnus* 遗迹亚组合为主，指示浅水沉积环境，且水体供氧不足
古生物化石	古生物化石多为生活于浅水及低盐度环境的生物，如沼泽拟星介、盘星藻属、阶状似瘤田螺等
元素地球化学	微量元素指示沉积水体浅和淡水–微咸水沉积环境

表4-4 大民屯凹陷沈84—安12区块沙河街组浅水扇三角洲前缘沉积证据

证据分类	特征描述
古气候及物源区距离	目的层沉积期气候为亚热带潮湿气候，主物源来自北东向，为近源短距离输送
岩性	岩性组成及粒度分析表明，水下分流河道主要为砂砾岩、含砾砂岩、粗砂岩和细砂岩，砾石以细砾为主，少见中砾，棱角–次圆为主。水下分流间湾沉积物泥质含量低，以粉砂岩、粉砂质泥岩及泥质粉砂岩为主
沉积构造	水下分流河道砂岩以发育块状层理及递变层理为主；水下分流间湾沉积物以发育小型波状层理、透镜状层理及水平层理为主，生物扰动构造发育。碎屑流沉积及滑塌构造发育，为扇三角洲前缘沉积的重要标志。未发现辫状三角洲前缘常见的侧积交错层理、板状、槽状交错层理，特别是0.5 m厚度以上的交错层
生物扰动	水下分流间湾生物扰动发育，扰动等级高，遗迹组合类型指示扇三角洲前缘沉积环境
第四纪扇三角洲研究的启示	第四纪扇三角洲研究揭示扇三角洲平原亚相和前缘亚相均可以发育大面积连片的辫状分流河道，辫状河的发育与三角洲是否属于辫状河三角洲不存在必然联系。浅水非陡坡型扇三角洲总体以碎屑流和牵引流沉积为主，而非总以重力流沉积为特征，研究区与之吻合

三角洲既可以发育于陆相湖泊环境，也可以在海洋环境，其本质是来自物源区的风化物质被河流搬运到水体能量相对稳定的可容空间所形成的似三角形沉积体。由于造成三角洲差异化的地质因素众多，从而出现各种分类方案。扇三角洲主要依据供源体性质划分而来，即是以冲积扇为供源，以底负载搬运方式为主所形成的三角洲（林春明，2019）。湖相浅水扇三角洲形成的必要条件是湖泊水体浅且湖盆边缘地形坡度小。由于大民屯凹陷为小型断陷湖盆，发育的浅水扇三角洲具有物源供给充足、搬运距离短、水下分流河道砂岩粒度粗的特点。其中发育的古生物化石多为生活于浅水和低盐度环境的生物，如沼泽拟星介、盘星藻属和阶状似瘤田螺等（孟卫工，2006）。大民屯凹陷沙河街组沙三段 S_3^4 II、S_3^4 I 和 S_3^3 III 油层组自生草莓状黄铁矿和硬石膏的发现，指示弱氧化–弱还原沉积环境，反映沉积水体较浅。

大民屯凹陷沈84—安12区块沙河街组沙三段 S_3^4 II 和 S_3^4 I 油层组的岩性和沉积构造组成特征非常相似。在此以 S_3^4 I 油层组为例，该油层组未见暴露标志的氧化色泥岩；岩性上砂岩发育，泥岩少，主要为浅灰色和灰色，少见深灰色（图4-2）。水下分流河道沉积主要发育砂砾岩、含砾砂岩、粗砂岩和细砂岩（图4-3），砾石以细砾为主，砾石大小一般为3 mm×6 mm（图4-3a），最大可达1.0 cm×2.5 cm，少见中砾，次棱角–次圆状为主。水下分流河道砂体底部发育冲刷面，冲刷面之上常见泥砾（图4-3b），泥砾大小不一，形态各异（图4-3c）。水下分流河道中含砾砂岩、砂砾岩储层粒度概率累积曲线呈典型河道沉积的"三段式"，滚动次总体斜率高，跳跃次总体含量较多，悬浮次总体比较发育（图4-4）；频率分布曲线呈"双峰式"（图4-4）。

水下分流间湾（富砂）沉积为水下分流河道之间相对低洼的地区，以粉砂岩和泥质粉砂岩为主，夹薄层细砂岩（图4-3d），平面上沿水下分流河道两侧展布。水下分流间湾（富泥）沉积与水下分流间湾（富砂）沉积相比，为水下分流河道之间相对更低洼的地区，以泥岩、粉砂质泥岩和泥质粉砂岩为主，平面上沿水下分流间湾（富砂）沉积两侧展

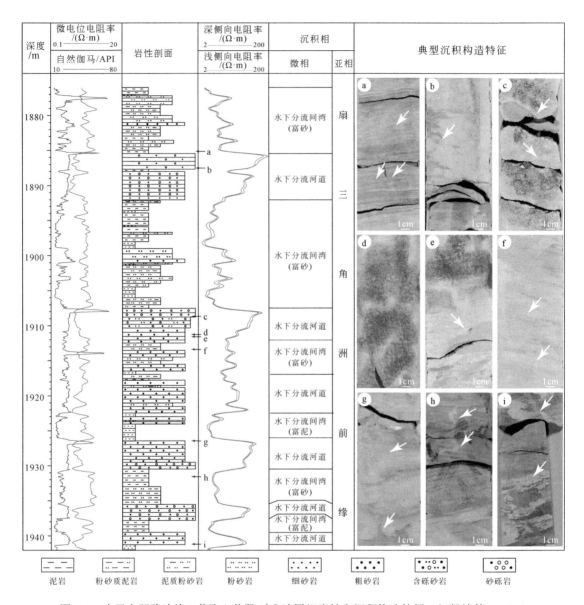

图 4-2　大民屯凹陷沈检 5 井取心井段 S$_3^4$ I 油层组岩性和沉积构造特征（江凯禧等，2021）

a. 小型波状层理及透镜状层理；b. 冲刷面，撕裂状泥砾；c. 冲刷面，见泥砾；d. 块状层理；
e. 冲刷面，泥砾发育；f. 小型水流波纹层理；g. 滑塌构造；h. 液化脉状砂；i. 变形构造

布。在沉积构造上，水下分流河道砂岩以块状层理和递变层理为主。未发现辫状河三角洲前缘沉积常见的侧积交错层理、板状和槽状交错层理，特别是厚 0.5 m 以上的交错层（李维锋等，2000）。水下分流间湾沉积以发育小型波状层理、透镜状层理和水平层理为主，生物扰动构造发育且扰动强度较高，反映水体较浅和溶解氧含量较高的特征。水下分流河道间湾（富砂）沉积微相中储层粒度概率累积曲线呈典型河道沉积的"三段式"

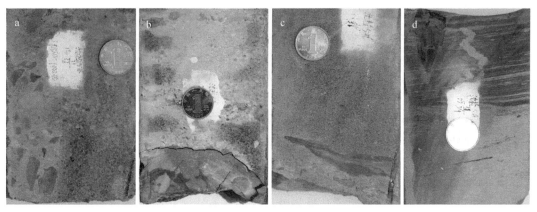

图 4-3　大民屯凹陷沈检 5 井取心井段岩心典型现象

a. 浅灰色砂砾岩，次棱角–次圆状为主，泥砾发育，1929 m，S_3^4 I 油层组；b. 浅灰色砂砾岩，泥砾发育，1981.17 m，S_3^4 II 油层组；c. 岩心下部为 5 cm 厚的含泥砾粗砂岩，砾石大小不一，主要集中在 5 mm×7 mm，以次圆状为主，见撕裂状泥砾，约 12 cm 长，上部为浅灰色中砂岩，1921.43 m，S_3^4 II 油层组；d. 岩心下部为 7 cm 厚浅灰色含泥质条带粉砂岩，上部为浅灰色砂泥不等厚互层，泥多砂少，小型交错层理发育，并见虫孔构造和波状层理，1934.15 m，S_3^4 I 油层组

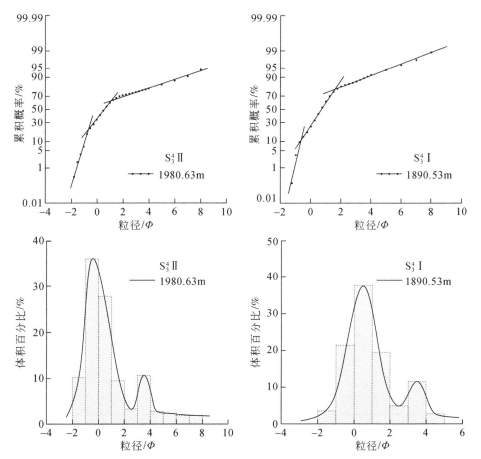

图 4-4　沈检 5 井沙三段水下分流河道储层粒度概率累积曲线和频率分布曲线特征

（图 4-5），悬浮次总体明显增多，斜率变缓；频率分布曲线呈"单峰式"（图 4-5）。从储层粒度概率累积曲线和频率分布曲线（图 4-4、图 4-5）可以看出，水下分流河道储层与水下分流间湾（富砂）储层具有如下几个特征：①粒度概率累积曲线能够较好地反映沉积物的水动力特征，它们粒度概率累积曲线均为"三段式"，以跳跃搬运为主，约占 45% ~ 75%，悬浮搬运为次，约占 10% ~ 25%，滚动组分相对最少，一般在 10% 以下；②水下分流河道储层粒度概率累积曲线跳跃段和滚动段均较水下分流间湾（富砂）储层跳跃段和滚动段陡，反映出前者分选性较后者好；③水下分流河道储层粒度相对较粗，滚动组分粒径在 −2.0 ~ 0.8Φ 之间，跳跃组分粒径在 0.8 ~ 1.8Φ 之间，而水下分流间湾（富砂）储层粒度相对较细，滚动组分粒径在 0.2 ~ 1.2Φ 之间，跳跃组分粒径在 1.2 ~ 5.0Φ 之间，反映前者水动力条件较强，后者较弱；从另外一个角度看，跳跃次总体与悬浮次总体的交截点 Φ 值也可反映搬运介质的扰动强度，交截点 Φ 值越小，扰动强度越高（林春明，2019；林春明等，2020），水下分流河道储层截点 Φ 值明显小于水下分流间湾（富砂）储层，说明前者水动力条件明显强于后者；④从储层频率分布曲线可以看到，水下分流河道储层主要粒径在 −1.0 ~ 2.0Φ 之间，水下分流间湾（富砂）储层主要粒径在 2.0 ~ 5.0Φ 之间，前者粒度比后者明显粗，也反映前者水动力条件明显强于后者。

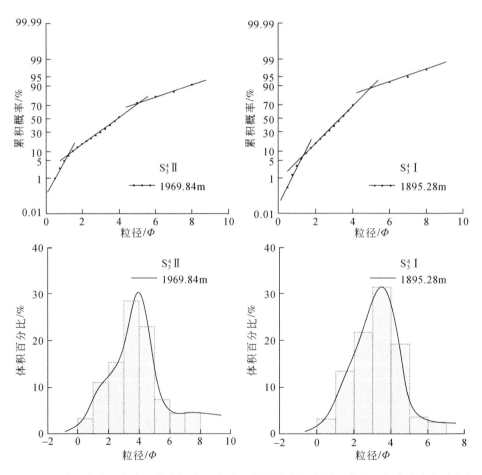

图 4-5　沈检 5 井沙三段水下分流间湾（富砂）储层粒度概率累积曲线和频率分布曲线特征

湖相浅水扇三角洲前缘水下分流河道微相测井曲线常以中幅箱形−钟形为主，反映重力流与牵引流双重搬运的特点（朱筱敏等，2013）。S_3^4 I 油层组水下分流河道微相测井曲线特征为中至高幅微齿或齿化箱形（图4-6）。水下分流间湾（富砂）微相测井曲线特征为自然伽马与自然电位呈较高值、电测曲线以中等齿化形态为主，偶夹指状形态，微电极曲线异常幅度较低，电阻率曲线较低值为特征（图4-6）。水下分流间湾（富泥）微相测井曲线特征为自然伽马与自然电位呈高值、电测曲线以低幅平直形或微齿形态为主，微电极曲线异常幅度低，电阻率曲线往往为低值，声波测井以较高−高值为特征（图4-7）。

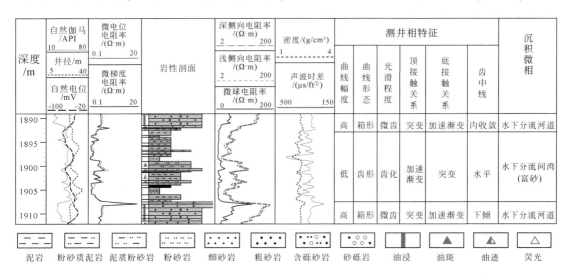

图4-6 沈检5井 S_3^4 I 油层组水下分流间湾（富砂）型微相测井相特征

① 1ft = 0.3048 m

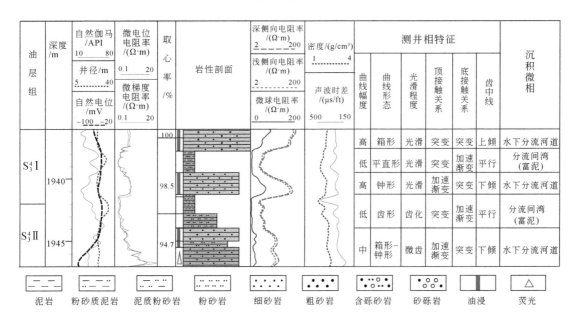

图4-7 沈检5井 S_3^4 II 和 S_3^4 I 油层组水下分流间湾（富泥）型微相测井相特征

　　以上 S_3^4 Ⅰ 油层组岩性、沉积构造和测井曲线等各项特征均反映为浅水扇三角洲前缘沉积的特点。

　　另外，元素分析也提供了浅水沉积环境特征（图 4-8）。Sr/Ba≥1 表示咸水环境，Sr/Ba<1 代表淡水。S_3^4 Ⅱ 段 Sr/Ba 为 0.14～0.65，均值为 0.26；S_3^4 Ⅰ 段 Sr/Ba 为 0.03～0.73，均值为 0.24，表明 S_3^4 Ⅱ 和 S_3^4 Ⅰ 沉积期的水体盐度低，为微咸水–淡水环境。Rb/K 值能较好地反映古水深，当 Rb/K<0.007，指示水体较浅，值越高代表水体深度越大。S_3^4 Ⅱ 段 Rb/K 为 0～0.007，均值为 0.004；S_3^4 Ⅰ 段 Rb/K 为 0～0.006，均值为 0.004，指示 S_3^4 Ⅱ 和 S_3^4 Ⅰ 沉积期水体深度变化不大，为浅水环境。S_3^3 Ⅲ 取心段短，样品较少，总体仍为较浅环境。S_3^4 Ⅱ 段 Mg/Ca 为 0.04～2.26，均值为 1.02；S_3^4 Ⅰ 段 Mg/Ca 为 0.03～2.36，均值为 0.84，说明 S_3^4 Ⅱ 沉积期略微比 S_3^4 Ⅰ 段沉积期干燥，但总体上都处于较为湿润的环境，沙三段孢粉等研究表明该时期以温暖潮湿气候为主。

4.1.2　浅水三角洲分类与浅水扇三角洲沉积特征

　　自 Fisk（1954）提出"浅水三角洲"的概念以来，浅水三角洲沉积体中由于赋存丰富的油气资源，已成为油气工业部门勘探开发的重要目标。进入 21 世纪，国内学者主要集中在松辽盆地、鄂尔多斯盆地及四川盆地等地区展开浅水三角洲的研究，逐步从浅水三角洲类型、形成条件深入到对浅水三角洲形成动力学过程和形成机制的研究，从宏观沉积特征描述深入到内部结构解剖和形成机理的探讨（刘自亮等，2015）。

　　目前对浅水三角洲类型的划分，还未有统一方案（表 4-5）。前人在研究密西西比河三角洲时提出浅水三角洲的概念，将河控三角洲划分为深水型和浅水型（Fisk，1954）。有人将低能盆地中河控三角洲分为浅水型和深水型，并进一步区分出 8 种浅水三角洲类型和 4 种深水三角洲类型，并考虑三角洲前缘坡度，将浅水三角洲划分为缓坡型浅水三角洲和陡坡吉尔伯特型三角洲（Postma，1990）。有人从浅水三角洲的展布形态角度，将浅水三角洲分为席状浅水三角洲、坨状浅水三角洲和枝状浅水三角洲，强调从湖盆范围演化、湖平面升降变化的幅度和频率等方面，分析三角洲形态转化的动力学过程（楼章华等，2004）。也有人从沉积体成因角度，将浅水三角洲划分为分流河道型和分流砂坝型两种浅水三角洲类型（张昌民等，2010）。邹才能等（2008）则以供源体系为基础，结合前缘斜坡坡度和古水深，将湖盆浅水三角洲划分为浅水扇三角洲、浅水辫状河（或辫状平原）三角洲和浅水曲流河三角洲三大类，结合三角洲前缘坡度和古水深，共划分出 6 种成因–结构类型。朱筱敏等（2013）亦强调供源系统对三角洲的控制作用，进一步将其简化为浅水扇三角洲、浅水辫状河三角洲和浅水曲流河三角洲三大类。

　　多数学者认为浅水三角洲主要形成于水体较浅、地形平缓、构造缓慢的条件下，以分流河道砂为骨架，河口坝不发育，砂体分布明显受水体深度、河流作用、湖平面变化、气候及物源等因素控制（刘自亮等，2015）。

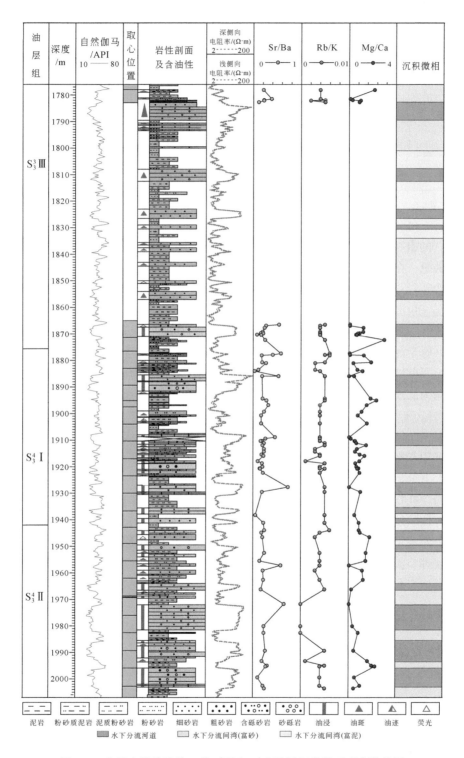

图 4-8　大民屯凹陷沈检 5 井 $S_3^4 \mathrm{II}$ 和 $S_3^4 \mathrm{I}$ 油层组微量元素参数特征

表4-5　浅水三角洲分类方案

分类依据	分类方案	参考文献
供源体系	浅水扇三角洲、浅水辫状河三角洲、浅水曲流河三角洲	朱筱敏等（2013）
砂体形态	分流河道型浅水三角洲、分流砂坝型浅水三角洲	张昌民等（2010）
砂体形态与作用机制	席状浅水三角洲、坨状浅水三角洲和枝状浅水三角洲	楼章华等（2004）
供源体系、三角洲前缘坡度、古水深	毯式浅水三角洲［浅水扇三角洲、浅水辫状河（或辫状平原）三角洲和浅水曲流河三角洲］、吉尔伯特式浅水三角洲［浅水扇三角洲、浅水辫状河（或辫状平原）三角洲和浅水曲流河三角洲］	邹才能等（2008）

　　浅水扇三角洲通常指在湖盆水体较浅，缓坡背景下，形成的具有"近源、水浅、粗粒"等特点的扇三角洲，其地形较传统的扇三角洲相对平缓。浅水扇三角洲由冲积扇直接进入盆地供源，在重力流、牵引流的共同作用下形成，其朵体面积相对较小，沉积物较粗，多为砂砾岩，结构成熟度普遍较低。

　　浅水扇三角洲平原处于氧化-弱氧化环境下，沉积物多表现为杂色或褐色，发育层状结构的重力流和牵引流沉积，以泥石流沉积为典型，沉积物快速卸载，发育块状构造，粒度混杂，巨砾至泥质均可见到（冲积扇特征）。分流河道（辫状河）及河道间均为牵引流沉积，由于间歇性洪水的作用，分流河道沉积粒度较粗，多为砂砾岩、砾岩，且泥质含量高；河道间为低能的水体环境，沉积物粒度较细，为泥岩-粉砂岩，发育水平层理、波状层理等。

　　浅水扇三角洲前缘处于弱氧化-弱还原环境下，沉积物多表现为灰色-灰绿色，主要发育牵引流沉积和次生重力流沉积，以碎屑流沉积为典型特征。沉积物泥质含量明显降低，主要发育水下分流河道和水下分流河道间湾微相。冲积扇携带大量粗粒沉积物入湖后，受湖泊水体的顶托作用较小，水下分流河道以砂砾岩为主，局部夹薄层泥岩，整体泥质含量较低，发育块状层理、递变层理、小型波状层理及冲刷面等沉积构造，生物扰动构造发育。水下分流河道间湾水体能量相对较弱，以互层的粉砂质泥岩、粉砂岩及细砂岩为主，发育水平层理、波状层理和透镜状层理。

　　前浅水扇三角洲水体较深，低于浪基面，多沉积灰黑色泥岩，与灰色较深水湖泥不易区分。

4.1.3　浅水扇三角洲前缘沉积生物扰动特征

1. 生物扰动概述

　　遗迹化石是指地质历史时期的生物遗留在沉积物表面或沉积物内部的各种生命活动的形迹构造所形成的化石，也称痕迹化石，是各种生物成因的沉积构造，如各种生物扰动、足迹、移迹、潜穴、粪化石等。沉积地层中的遗迹化石属种、组构类型及生物扰动强度能为古环境重建提供关键信息，如沉积速率、古水深、古盐度、沉积能量、底水和孔隙水的氧化还原条件等，是沉积环境分析的重要相标志（李应暹等，1997；杨式溥等，2004；Seilacher，2007；龚一鸣等，2009；林春明，2019）。全球性生物大灭绝和复苏也会在遗迹化石上留下关键信息（赵小明和童金南，2010；周志澄等，2014；张立军等，2015）。遗迹化石有别于实体化石，是一定沉积环境背景下的古代生物行为和习性的岩石记录（龚一鸣等，2009）。生物扰动是生物对沉积物的改造，其强度的变化与沉积条件密切关联。

自 Seilacher（1967）建立起遗迹相与水体深度的关联性以来，遗迹化石在沉积环境解释上的价值逐渐受到重视。相较于海相盆地，陆相盆地遗迹化石的研究程度相对较低（Seilacher，2007）。Frey 和 Pemberton（1987）明确了 *Scoyenia* 遗迹相代表陆相低能浅水或潮湿底质的河湖过渡环境；Smith 等（1993）建立了代表陆上古土壤环境的 *Termitichnus* 遗迹相；Buatois 和 Mángano（1995）提出了代表湖泊水下沉积环境的 *Mermia* 遗迹相。我国学者在陆相遗迹化石研究上也取得了重要成果，特别是在滨浅湖和半深水–深水湖相的遗迹化石组构特征及古环境意义方面开展了详细研究（李应暹等，1997；卢宗盛等，2003；刘彦博等，2009；林春明，2019）。在遗迹化石研究方法上，以野外露头和岩心样品的观察描述为基础（杨式溥等，2004；王约等，2004），并越来越多地应用了碳氧同位素、微量元素、CT 扫描、扫描电子显微镜和三维重建等方法和技术（牛永斌等，2008；丁奕等，2016；陈浩等，2018；陈翔等，2018；宋慧波等，2019）。

以往研究注重对我国陆相沉积盆地遗迹化石属种、组构类型及其沉积环境指示意义的分析（李应暹等，1997；卢宗盛等，2003；杨式溥等，2004；龚一鸣等，2009），但较少聚焦于岩心生物扰动层厚度和扰动指数与沉积条件变化的协同响应关系研究。对辽河拗陷，前人在岩心遗迹化石鉴定、遗迹组构划分与命名及其沉积环境解释上开展了细致的研究（李应暹等，1997；卢宗盛等，2003），为本研究工作中的遗迹化石识别和组构划分提供了重要指导。本次研究聚焦于沈检 5 井，该井位于辽河拗陷大民屯凹陷，对古近系沙河街组湖相浅水扇三角洲前缘沉积地层沙三四亚段第二和第一油层组（$S_3^4 II$ 和 $S_3^4 I$）进行了连续取心，获取岩心长近 132 m，岩心中遗迹化石和生物扰动构造发育。浅水三角洲沉积在我国陆相含油气盆地广泛发育，其中浅水三角洲前缘砂体是重要的油气储集层（徐振华等，2019），也是大民屯凹陷重要的勘探和开发目标（李晓光等，2017）。岩心遗迹化石和生物扰动的研究能为浅水三角洲前缘沉积的判识和演化分析提供关键证据，有利于大民屯凹陷的油气勘探与开发。

本书侧重于生物扰动层厚度和扰动指数的垂向剖面分布特征及其与沉积条件变化响应关系的探讨。研究成果能为研究区和类似沉积盆地的浅水扇三角洲前缘沉积环境判识提供生物遗迹化石的证据，加深对生物扰动强度与沉积条件协同响应关系的认识，具有一定理论和实际应用价值。

2. 生物遗迹组构类型

根据生物遗迹化石特征可判识造迹生物类型。生物的活动和生活习性必然要适应环境，即"适者生存"，故特定的生物活动和生活习性亦反映其所处环境的特点，因此遗迹化石及其组构类型能为沉积环境解释提供重要信息。

参考李应暹等（1997）和卢宗盛等（2003）对辽河拗陷陆相遗迹化石与沉积环境关

系的研究成果。根据沈检 5 井 $S_3^4 II$ 和 $S_3^4 I$ 油层组的生物遗迹化石特征（图 4-9），发现以古藻迹（*Palaeophycus*）和漫游迹（*Planolites*）遗迹化石为主，也见墙形迹（*Teichichnus*）遗迹化石，为 *Palaeophycus-Planolites* 遗迹组构（卢宗盛等，2003；胡斌等，2017）。

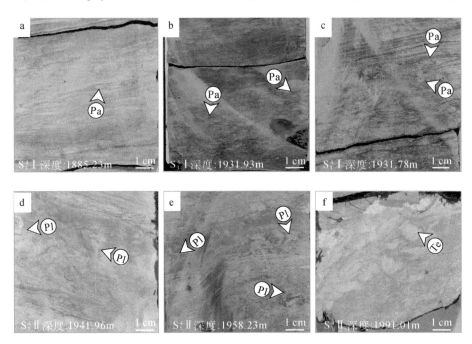

图 4-9　大民屯凹陷沈检 5 井 $S_3^4 II$ 和 $S_3^4 I$ 油层组的生物遗迹化石特征（江凯禧等，2021）

a ~ c 为 *Palaeophycus* 遗迹；d、e 为 *Planolites* 遗迹；f 为 *Teichichnus* 遗迹

Pa：*Palaeophycus*；Pl：*Planolites*；Te：*Teichichnus*

Palaeophycus 遗迹具有生物在沉积层内快速进食的特点（Ayranci et al., 2014；Paz et al., 2020），常被认为是由食沉积物生物形成的潜穴（杨式溥等，2004）。其围岩常为杂基含量较高的细粒砂岩（图 4-9a ~ c），*Palaeophycus* 的潜穴较小，通常指示水体较浅和沉积速率较快的环境（胡斌等，2017）。

Planolites 遗迹化石为小个体类型的漫游迹，喜泥质基底（McIlroy, 2004；Ayranci et al., 2014），常被认为是食沉积物生物所形成的觅食构造（李应暹等，1997；杨式溥等，2004）。*Planolites* 的潜穴延伸长度较短，一般为 0.8 ~ 1.5 cm，常呈微弯曲状，不分枝，与层面平行或斜交（图 4-9d、e）。*Planolites* 的潜穴充填物无结构，其颜色和围岩不同，为浅灰色泥质粉砂岩，而围岩主要为水下分流间湾微相的灰色泥质粉砂岩或粉砂质泥岩（图 4-9d、e）。

Teichichnus 遗迹化石指示浅水沉积环境（Corner and Fjalstad, 1993；Buatois and Mángano, 2011），主要发育于水下分流间湾微相粉砂岩中（图 4-9f）。在纵断面上，*Teichichnus* 潜穴呈水平或斜交于层面，潜穴不分枝，呈孤立状分布，潜穴长 1.0 ~ 1.5 cm（图 4-9f）。

Palaeophycus-Planolites 遗迹组构通常指示浅水沉积环境特征（Olariu et al., 2010；胡

斌等，2017），与 $S_3^4 Ⅱ$ 和 $S_3^4 Ⅰ$ 油层组为浅水扇三角洲前缘沉积的地质背景相一致。因此，$S_3^4 Ⅱ$ 和 $S_3^4 Ⅰ$ 油层组的生物遗迹化石组成可以作为判识大民屯凹陷古近系沙河街组沙三段为浅水扇三角洲前缘沉积的一项重要辅助证据。

3. 生物扰动强度判识和垂向分布特征

1）生物扰动强度判识

生物扰动是指生物对沉积物的改造，其强度与生物改造程度和次数密切相关，并影响沉积物的颗粒混合状况和沉积结构（Baniak et al.，2014）。

通常用扰动指数来评价生物扰动强度。不同扰动指数代表单位面积内生物扰动百分数，即扰动量的不同。根据 Taylor 和 Goldring（1993）、Baniak 等（2014）对生物扰动强度的划分方案，并结合沈检 5 井岩心生物扰动实际特征，建立了本研究区的岩心生物扰动强度判识图版（图 4-10）。当扰动指数为 1 时，沉积层理清晰，遗迹化石较少，单位面积内扰动部分占 1%～5%；当扰动指数为 2 时，沉积层理较清晰，遗迹化石增多，但密度还较低，单位面积内扰动部分占 6%～30%；当扰动指数为 3 时，沉积物层理连续性变差，部分层理的连续性被扰动破坏，但总体还可分辨，单位面积内扰动部分占 31%～60%；当

扰动指数	扰动量/%	特征描述	判识图版	实例照片
0	0	无扰动		
1	1~5	零星扰动，层理清晰，仅有极少清晰遗迹化石	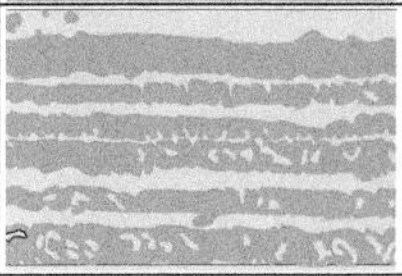	
2	6~30	扰动程度低，层理清晰，遗迹化石分布密度低	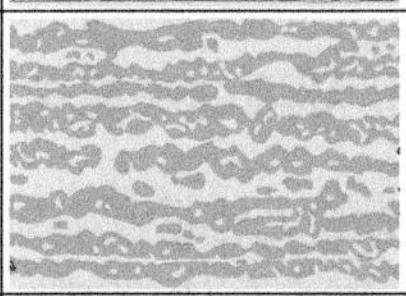	
3	31~60	中等扰动，层理受干扰，遗迹化石较分散	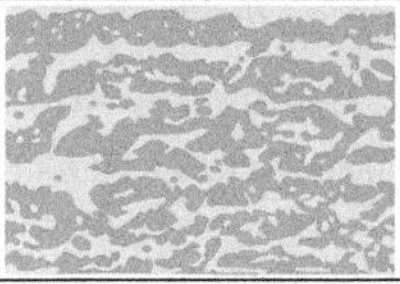	
4	61~90	扰动程度较高，层理边界模糊，遗迹化石密度高，相互叠置	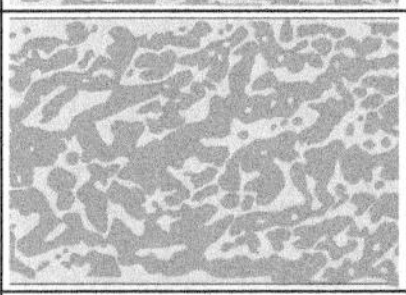	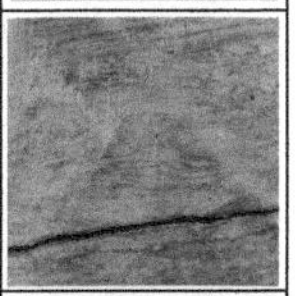
5	91~99	生物扰动强烈，层理难识别，遗迹化石密度高	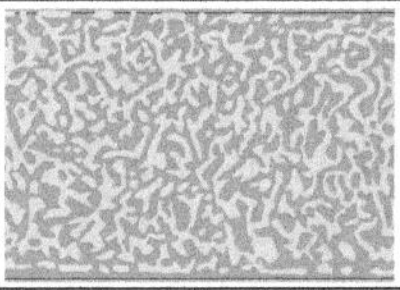	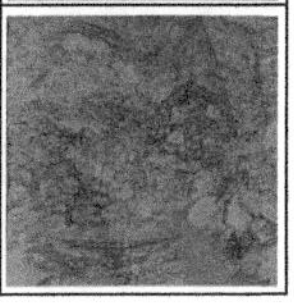

图 4-10　大民屯凹陷沈检 5 井生物扰动指数判识图（江凯禧等，2021）

扰动指数为 4 时，沉积物层理边界模糊，遗迹化石密度高，单位面积内扰动部分占 61% ~ 90%；当扰动指数为 5 时，沉积物层理边界难以识别，遗迹化石密度很高，单位面积内扰动部分占 91% ~ 99%。通过详细观察，发现 $S_3^4 II$ 和 $S_3^4 I$ 油层组 132 m 岩心的生物扰动指数以 3 ~ 5 级为主（图 4-11），也存在 1 和 2 级。

2）生物扰动强度垂向分布特征

垂向上，生物扰动构造主要发育于水下分流间湾微相的泥岩、粉砂质泥岩、泥质粉砂岩和粉砂岩中，以 *Palaeophycus* 和 *Planolites* 遗迹化石占优势为特征（图 4-11）。这是因为水下分流间湾沉积物的粒度较细，泥质含量相对高并有相对丰富的食物，利于喜泥质沉积物并以此为食的软体或蠕虫动物的生存，从而利于产生和保存食沉积物生物形成的潜穴和觅食构造，即利于发育 *Palaeophycus* 和 *Planolites* 遗迹化石（李应暹等，1997；杨式溥等，2004）。

垂向上，生物扰动层厚度在 5 ~ 51 cm 之间，生物扰动指数以 3 ~ 5 级为主（图 4-11）。但生物扰动层厚度和扰动指数在垂向剖面上无显著变化规律（图 4-11）。虽如此，我们仍试图通过统计两者在 $S_3^4 II$ 和 $S_3^4 I$ 油层组上的差异来发现其变化的控制因素。$S_3^4 II$ 油层组岩心长近 66 m，识别出 25 个生物扰动层，扰动层厚度主要在 5 ~ 34 cm，仅一层扰动层厚度为 51 cm，累积厚度为 5 m。$S_3^4 I$ 油层组岩心长也近 66 m，识别出 28 个生物扰动层，扰动层厚度在 5 ~ 38 cm，累积厚度为 3.9 m。在扰动层厚度上，$S_3^4 I$ 油层组厚度 ≤15 cm 的扰动层较发育，而 $S_3^4 II$ 油层组厚度 >15 cm 的扰动层发育（图 4-12a）；在扰动强度上，$S_3^4 II$ 油层组扰动指数为 5 级的扰动层多于 $S_3^4 I$ 油层组，而 $S_3^4 I$ 油层组扰动指数为 4 级的扰动层多于 $S_3^4 II$ 油层组（图 4-12b）。因此，整体上 $S_3^4 II$ 油层组发育的生物扰动层厚度和强度比 $S_3^4 I$ 油层组略大，但并不显著。为什么两油层组生物扰动层厚度和扰动指数总体差异不明显？我们推测这可能与两油层组的沉积条件变化密切相关。

4. 生物扰动强度与沉积环境的响应关系

沉积物中生物扰动强度的大小除受底栖生物种类、丰度和生活习性的影响外，还受沉积环境古生产力、沉积速率、水体深度和沉积物粒度等多种因素的作用（杨群慧等，2008）。本次研究主要依据主微量元素相关参数（表 4-6），探讨古气候、古生产力、古盐度、古水深和沉积物粒度与生物扰动层厚度和扰动强度的响应关系。

1）与古气候关系

Mg/Ca 值对古气候变化反应敏感，可用来指示古气候条件（熊小辉和肖加飞，2011）。当 Mg/Ca<1 时，通常指示较为潮湿的环境；$S_3^4 II$ 油层组 Mg/Ca 为 0.04 ~ 2.26，均值为 1.01；$S_3^4 I$ 油层组 Mg/Ca 为 0.03 ~ 2.36，均值为 0.84（表 4-6）。$S_3^4 II$ 油层组的 Mg/Ca 均值略高于 $S_3^4 I$ 油层组，反映 $S_3^4 II$ 沉积期略比 $S_3^4 I$ 沉积期干燥，但总体上都处于较为湿润的环境。从图 4-11 可以看出，垂向上生物扰动层厚度和强度与 Mg/Ca 值曲线没有明显的协同性。这表明小幅度的气候波动没有对 $S_3^4 II$ 和 $S_3^4 I$ 油层组的生物扰动作用造成明显影响。

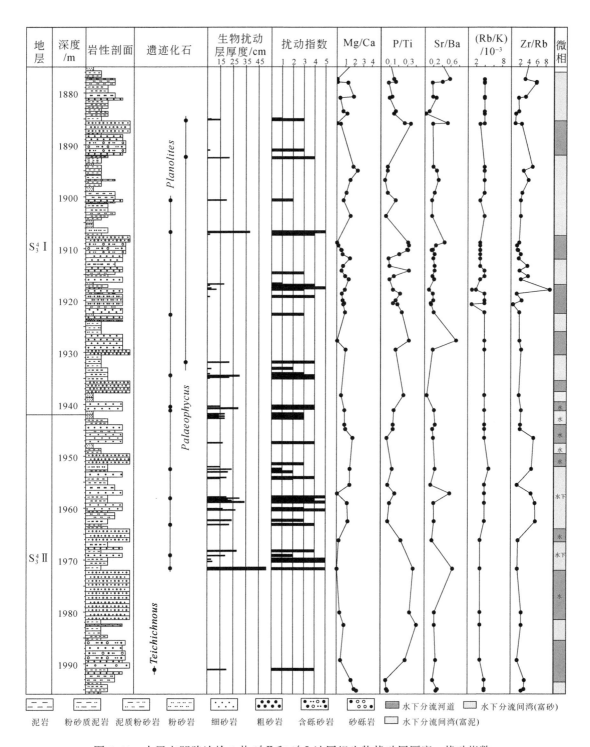

图 4-11　大民屯凹陷沈检 5 井 S_3^4 II 和 S_3^4 I 油层组生物扰动层厚度、扰动指数、
元素参数和沉积微相垂向分布特征

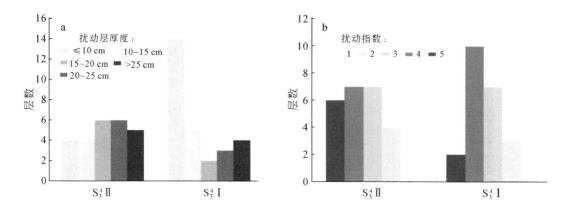

图 4-12 大民屯凹陷沈检 5 井 S_3^4 Ⅱ 和 S_3^4 Ⅰ 油层组生物扰动层厚度 （a） 和扰动指数 （b） 对比图

表 4-6 沈检 5 井 S_3^4 Ⅱ 和 S_3^4 Ⅰ 油层组岩心样品主微量元素相关参数

地层	样品编号	深度/m	Rb/K	Mg/Ca	P/Ti	Sr/Ba	Rb/K	Zr/Rb
	B19	1877.36	0.004	0.06	0.15	0.58	0.004	3.25
	B21	1877.88	0.004	0.10	0.17	0.41	0.004	5.97
	B22	1878.06	0.004	1.28	0.09	0.18	0.004	5.92
	B25	1880.74	0.004	1.91	0.13	0.19	0.004	3.39
	B26	1880.96	0.004	0.38	0.10	0.27	0.004	1.76
	B27	1883.54	0.004	0.73	0.17	0.11	0.004	1.82
	B28	1884.02	0.004	1.18	0.15	0.03	0.004	1.12
	B29	1885.87	0.004	0.03	0.27	0.53	0.004	0.99
	B32	1885.95	0.003	0.45	0.34	0.19	0.003	2.45
S_3^4 Ⅰ	B34	1894.26	0.004	1.87	0.08	0.2	0.004	5.02
	B35	1894.98	0.004	2.36	0.08	0.28	0.004	2.91
	B37	1896.79	0.004	1.54	0.05	0.32	0.004	4.06
	B38	1899.25	0.004	1.10	0.08	0.23	0.004	2.58
	B40	1900.72	0.003	0.77	0.17	0.17	0.003	2.25
	B41	1903.75	0.004	1.56	0.06	0.17	0.004	2.26
	B42	1908.87	0.003	0.04	0.31	0.46	0.003	1.89
	B43	1909.39	0.003	0.17	0.32	0.26	0.003	1.38
	B44	1910.26	0.003	0.50	0.30	0.19	0.003	1.49
	B45	1910.30	0.003	0.55	0.31	0.16	0.003	1.64
	B46	1911.10	0.003	0.66	0.21	0.23	0.003	2.25
	B47	1911.91	0.003	1.50	0.09	0.20	0.003	1.78

地层	样品编号	深度/m	Rb/K	Mg/Ca	P/Ti	Sr/Ba	Rb/K	Zr/Rb
	B48	1913.35	0.003	0.71	0.10	0.23	0.003	3.81
	B49	1914.25	0.004	0.54	0.32	0.23	0.004	1.96
	B50	1915.36	0.004	0.95	0.15	0.18	0.004	3.95
	B51	1915.94	0.003	1.36	0.10	0.22	0.003	2.26
	B52	1917.94	0.002	0.92	0.14	0.1	0.002	9.00
	B53	1918.72	0.004	0.57	0.22	0.19	0.004	1.32
S_3^4 I	B54	1919.99	0.004	0.67	0.17	0.2	0.004	2.46
	B39	1920.57	0.004	0.85	0.14	0.14	0.004	0.91
	B55	1920.73	0.001	0.74	0.19	0.15	0.001	0.48
	B56	1922.32	0.004	0.94	0.24	0.21	0.004	1.92
	B57	1927.73	0.004	0.04	0.32	0.73	0.004	1.97
	B58	1929.50	0.004	1.01	0.17	0.19	0.004	2.36
	B59	1938.24	0.004	0.50	0.26	0.05	0.004	1.85
	B68	1941.14	0.004	0.88	0.15	0.22	0.004	2.35
	B69	1943.95	0.004	0.88	0.14	0.24	0.004	2.16
	B70	1944.82	0.004	0.98	0.14	0.18	0.004	2.10
	B71	1946.49	0.004	1.80	0.07	0.20	0.004	5.29
	B72	1952.47	0.005	1.49	0.13	0.24	0.005	4.81
	B73	1955.53	0.004	1.47	0.08	0.14	0.004	1.42
	B74	1957.18	0.004	0.05	0.16	0.58	0.004	4.69
	B75	1959.07	0.004	1.18	0.10	0.21	0.004	5.63
	B76	1962.57	0.004	1.26	0.08	0.22	0.004	5.73
S_3^4 II	B77	1966.18	0.003	0.25	0.23	0.17	0.003	1.67
	B79	1971.70	0.003	0.04	0.37	0.65	0.003	1.51
	B80	1980.12	0.003	0.35	0.33	0.23	0.003	2.42
	B81	1982.57	0.003	0.83	0.41	0.23	0.003	2.40
	B61	1989.30	0.003	0.44	0.28	0.26	0.003	1.49
	B62	1993.16	0.004	1.63	0.06	0.19	0.004	3.17
	B63	1994.90	0.004	1.98	0.07	0.30	0.004	3.08
	B64	1995.22	0.004	2.26	0.08	0.27	0.004	2.42
	B65	1999.38	0.001	0.51	0.11	0.10	0.001	16.24
	B66	2002.59	0.004	0.97	0.17	0.21	0.004	1.63

2）与古生产力关系

相关研究已经证明，沉积有机质是大量底栖生物的食物来源，沉积有机质含量高低显著影响底栖动物的大小和生活习性（杨群慧等，2008），进而影响生物扰动的深度和强度。

古生产力反映某一时期的生物生产力。通常利用沉积物中有机质的含量可以反映古生产力的变化，古生产力越高越有利于沉积有机质的富集。元素磷（P）是浮游生物生长所必需的营养元素，P/Ti 常被应用于判识古生产力（Latimer and Filippelli，2001）。P/Ti ≥ 0.79 指示高生产力，0.34<P/Ti<0.79 指示中生产力，P/Ti ≤ 0.34 指示低生产力（Algeo et al.，2011）。S_3^4Ⅱ油层组 P/Ti 为 0.06 ~ 0.41，均值为 0.18；S_3^4Ⅰ油层组 P/Ti 为 0.05 ~ 0.34，均值为 0.17（表 4-6）。这说明 S_3^4Ⅱ 和 S_3^4Ⅰ 沉积期的古生产力相近且较低，不利于沉积物中有机质的富集，会引起底栖生物食物的相对匮乏。岩心观察表明，S_3^4Ⅱ 和 S_3^4Ⅰ 油层组纯泥岩层发育非常少且颜色不深，粉砂质泥岩和泥质粉砂岩较发育且主要为灰色或浅灰色，均反映浅水扇三角洲前缘沉积有机质含量低的特点。因此古生产力相近也是造成 S_3^4Ⅱ 和 S_3^4Ⅰ 油层组生物扰动作用差异小的原因之一。

3）与古盐度关系

Sr/Ba 值常被用来指示古盐度变化。实际运用中，一般将 Sr/Ba<0.2 指示淡水环境，0.2 ~ 0.5 指示半咸水环境，>0.5 指示咸水环境（Wei and Algeo，2020）。S_3^4Ⅱ油层组 Sr/Ba 为 0.14 ~ 0.65，均值为 0.25；S_3^4Ⅰ 油层组 Sr/Ba 为 0.03 ~ 0.73，均值为 0.24（表 4-6），表明 S_3^4Ⅱ 和 S_3^4Ⅰ 沉积期的水体盐度相近且不高，主要为淡水–半咸水环境。从图 4-11 中可以发现，由于垂向上沉积水体盐度整体差异小，生物扰动层厚度和扰动指数与 Sr/Ba 值的演化没有明显相关性。

4）与古水深关系

浅水地区生物扰动的混合速度高于深水地区（杨群慧等，2008）。Rb/K 值能较好地反映古水深的变化（熊小辉和肖加飞，2011）。当 Rb/K<0.007，指示水体较浅，值越高代表水体深度越大（孙中良等，2020）。S_3^4Ⅱ油层组 Rb/K 为 0.001 ~ 0.005，均值为 0.004；S_3^4Ⅰ油层组 Rb/K 为 0.001 ~ 0.004，均值为 0.0036（表 4-6），指示 S_3^4Ⅱ 和 S_3^4Ⅰ 沉积期水体深度差异很小，均为浅水环境。因此，水体深度差异小也是造成 S_3^4Ⅱ 和 S_3^4Ⅰ 油层组生物扰动差异不明显的原因之一。

5）与沉积物粒度关系

沉积岩的 Zr/Rb 值可以用来反映沉积物颗粒的大小，值越大表示颗粒越粗（苏建锋等，2017）。这是因为元素 Zr 主要赋存于粗粒沉积物中即本研究中的水下分流河道沉积物中，而元素 Rb 主要赋存于细粒沉积物中即本研究中的水下分流间湾微相沉积物中（王敏杰等，2010），而生物扰动作用主要发育于细粒沉积物中。S_3^4Ⅱ油层组 Zr/Rb 为 1.42 ~ 16.24，均值为 3.70；S_3^4Ⅰ油层组 Zr/Rb 为 0.48 ~ 9.00，均值为 2.66（表 4-6）。整体上 S_3^4Ⅱ 和 S_3^4Ⅰ 油层组的 Zr/Rb 值变幅小且岩性组成相似，仅 S_3^4Ⅱ 油层组上部有 5 个样品的比值较高，因此沉积物粒度相似也是造成 S_3^4Ⅱ 和 S_3^4Ⅰ 油层组生物扰动差异不明显的原因之一（图 4-9）。本研究中沉积物粒度对生物扰动作用的影响主要表现在对生物扰动构造发育空间位置的控制，即生物扰动构造主要发育于水下分流间湾微相细粒沉积物中。

综上，通过对 S_3^4Ⅱ 和 S_3^4Ⅰ 油层组的古气候、古生产力、古盐度、古水深和沉积物粒度的分析对比，我们发现 S_3^4 Ⅱ和 S_3^4 Ⅰ油层组的沉积条件很相近。这是导致整体上 S_3^4 Ⅱ油层组发育的生物扰动层厚度和强度与 S_3^4 Ⅰ油层组差异小的重要原因，也就解释了为什么生物扰动层厚度和扰动强度在垂向剖面上无显著变化规律。

6）主控因素分析

元素地球化学参数综合分析表明研究区 S_3^4 Ⅱ和 S_3^4 Ⅰ沉积期古气候较为湿润，古生产力较低，水体盐度为淡水–半咸水，水体深度小为浅水环境。现仅从古气候、古生产力、古盐度和古水深等 4 个因素出发，探讨生物扰动层厚度和扰动指数变化的主控因素。古气候是一个宏观因素，极端气候条件不利于底栖造迹生物的生存和繁衍，但 S_3^4 Ⅱ和 S_3^4 Ⅰ沉积期气候条件较湿润且变化幅度小，并非极端气候。古气候的变化对湖泊古生产力有重要影响，并通过降水和蒸发量的差异调节湖泊水体古盐度和古深度的变化（Warren，2006）。因此，相比于古气候条件，古生产力、古盐度和古水深的变化对生物扰动层厚度和扰动指数的影响更为直接。

Yang 和 Zhou（2004）发现即使在低古生产力的贫营养深海环境中，也发育明显的生物扰动作用。本研究也表明在低古生产力条件下，湖相三角洲前缘环境中也能发育明显的生物扰动作用且扰动指数较高。但这并不是指低古生产力有利于生物扰动发育，相反生产力的提高利于底栖生物的繁衍和生物扰动发育（杨群慧等，2008）。可以看出，在低古生产力背景下，古生产力与生物扰动厚度和扰动指数的关系较为复杂，没有明显相关性。在部分相对高生产力的沉积层内，生物扰动构造并未发育（图 4-9）。古盐度的变化会改变水体物理化学条件，并直接影响底栖生物的种属和数量（Warren，2006；夏刘文等，2017；宫红波等，2019）。S_3^4 Ⅱ和 S_3^4 Ⅰ沉积期的水体盐度为淡水–半咸水，但其与古生产力变化相似，与生物扰动层厚度和扰动指数的变化没有明显相关性（图 4-9）。当前难以明确古生产力和古盐度的低幅变化对底栖生物种群和丰度的影响。

底栖生物种群和丰度与水体深度有密切关联，故岩心遗迹化石和组构类型常被用于判识古水深（李应暹等，1997；卢宗盛等，2003）。然而对于古水深与沉积物生物层扰动厚度和扰动指数的关系尚未明确认识。但 S_3^4 Ⅱ和 S_3^4 Ⅰ沉积期水体浅且变化幅度极小，古水深难以成为剖面上生物扰动层厚度和扰动指数变化的主控因素。最后，需要注意到 S_3^4 Ⅱ和 S_3^4 Ⅰ沉积期相对连续稳定的沉积环境对生物扰动的发育起积极作用。相反剧烈的环境变化会对造迹生物类型、生物扰动层厚度和扰动指数带来幕式变化（赵小明和童金南，2010）。

简言之，针对陆相湖泊浅水扇三角洲前缘沉积环境，当前还难以明确生物扰动层厚度和扰动指数变化的主控因素。我们推测古生产力和古盐度的变化可能会起更为关键的作用，但目前证据不足，还需后续更多相关研究的支持。

4.2 单 井 相

选择大民屯凹陷沈 84—安 12 区块有代表性的沈检 5 井、沈检 3 井和静 66-60 取心井为解剖对象。通过岩心观察，结合测井曲线特征，对其沉积相进行剖析，绘制了单井沉积相柱状剖面图，并以此推广到非取心井的沉积相识别和划分，为连井沉积相剖面分析和沉积微相平面展布特征分析奠定基础。

由于沈84—安12区块面积较小，约0.54 km²，且目的层 $S_3^4 \text{II}$、$S_3^4 \text{I}$ 和 $S_3^3 \text{III}$ 油层组同为扇三角洲前缘亚相沉积，岩心观察表明，三口取心井水下分流河道砂体岩性和沉积构造特征相似，水下分流间湾富砂和富泥型沉积物的岩性和沉积构造特征也相似，并以生物扰动构造发育且强度较高为显著特征。水下分流河道沉积以褐黄色或浅黄色油浸或含油砂砾岩、粗砂岩、中砂岩、细砂岩为主要特征，主要发育块状层理和递变层理，砾石较小，通常小于10 mm×10 mm，水下分流间湾富砂型沉积以泥质粉砂岩和粉砂岩为主，夹薄层细砂岩，具有一定的物性和含油性，主要发育小层交错层理和生物扰动构造。水下分流间湾富泥型沉积以泥岩、粉砂质泥岩及泥质粉砂岩为主，通常不含油，质纯的泥岩为隔夹层，生物扰动构造发育，以发育小层波状层理和水平层理为主。

4.2.1　沈检5井

沈检5井为2015年实施的取心井，取心段长，岩心样品保存好，样品新鲜，是化学试验区重点研究的一口取心井。沈检5井位于大民屯凹陷的中部静安堡—东胜堡构造带，邻井有沈检3、静66-60和静观1等3口取心井。由于化学试验区面积相对较小，且目的层为同一沉积体系，各井同一油层组岩心特征大同小异，故以沈检5井为重点解剖对象，分析 $S_3^4 \text{II}$、$S_3^4 \text{I}$ 和 $S_3^3 \text{III}$ 三个油层组自下而上的沉积特征。

沈检5井 $S_3^4 \text{II}$ 油层组井段为1942～2030 m，厚88 m，取心井段为1942～2008 m，连续取心约66 m长（图4-13）。水下分流河道沉积物岩性主要为砂砾岩、含砾砂岩、粗砂岩及细砂岩，分流间湾沉积物主要为泥质粉砂岩、粉砂质泥岩及粉砂岩，主要发育块状层理、递变层理、小型波状层理、透镜状层理及生物扰动构造，小型冲刷面发育，冲刷面上泥砾多。水下分流河道砂体交错层理不发育，未发现辫状河三角洲前缘常见的大型侧积、板状及槽状交错层理。水下分流间湾富砂型沉积微相发育，水下分流间湾富泥型沉积微相不发育（图4-13）。

沈检5井 $S_3^4 \text{I}$ 油层组井段为1876～1942 m，厚66 m，连续取心，取心率在91.9%以上（图4-2）。水下分流河道沉积物岩性亦主要为砂砾岩、含砾砂岩、粗砂岩及细砂岩，分流间湾沉积物主要为泥质粉砂岩、粉砂质泥岩、粉砂岩及泥岩，主要发育块状层理、递变层理、小型波痕层理、波状层理、透镜状层理及生物扰动构造，同时发育滑塌构造，见到液化脉状砂（图4-2）。与 $S_3^4 \text{II}$ 油层组一致，$S_3^4 \text{I}$ 油层组水下分流河道砂体侧积层理亦不发育。水下分流间湾富砂型沉积微相发育，水下分流间湾富泥型沉积微相不发育（图4-2）。

沈检5井 $S_3^3 \text{III}$ 油层组井段为1742～1876 m，厚134 m，取心井段为1773～1873 m和1865～1876 m（图4-14）。水下分流河道沉积物岩性亦主要为砂砾岩、含砾砂岩、粗砂岩及细砂岩，分流间湾沉积物主要为泥质粉砂岩、粉砂质泥岩、粉砂岩及泥岩，主要发育块状层理、递变层理、小型波状层理、交错层理及生物扰动构造（图4-14）。$S_3^3 \text{III}$ 油层组与 $S_3^4 \text{II}$ 和 $S_3^4 \text{I}$ 油层组沉积构造特征相近，水下分流河道砂体侧积层理亦不发育，水下分流间湾富砂型沉积微相在地层下部发育，水下分流间湾富泥型沉积微相在地层上部发育，反映凹陷水体有加深趋势（图4-14）。

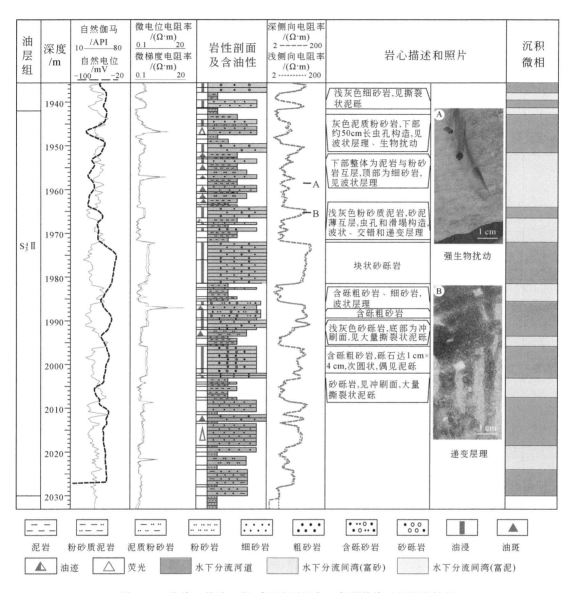

图 4-13　沈检 5 井沙三段 $S_3^4 II$ 油层组扇三角洲前缘亚相沉积特征

　　通过观察沈检 5 井 $S_3^4 II$、$S_3^4 I$ 及 $S_3^3 III$ 等 3 个油层组的岩心可以显著发现水下分流河道含砾砂岩及砂砾岩中泥砾多,大小不一,撕裂构造发育(图 4-15)。泥砾主要有两类:一类是磨圆很差,以次棱角或撕裂状为主的灰色-灰褐色泥岩;另一类是磨圆较好,以次圆为主的黄色泥岩。前者可能为水下分流间湾(富泥)沉积的泥质沉积物在未固结状态冲刷后短距离搬运沉积而成,而后者推测来自扇三角洲平原的泥岩,具有暴露氧化特征,搬运距离相对较远,磨圆较好。

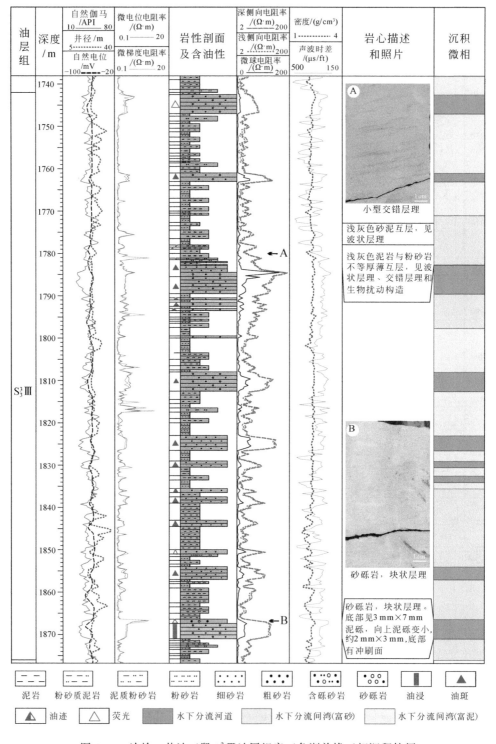

图 4-14　沈检 5 井沙三段 S_3^3 Ⅲ 油层组扇三角洲前缘亚相沉积特征

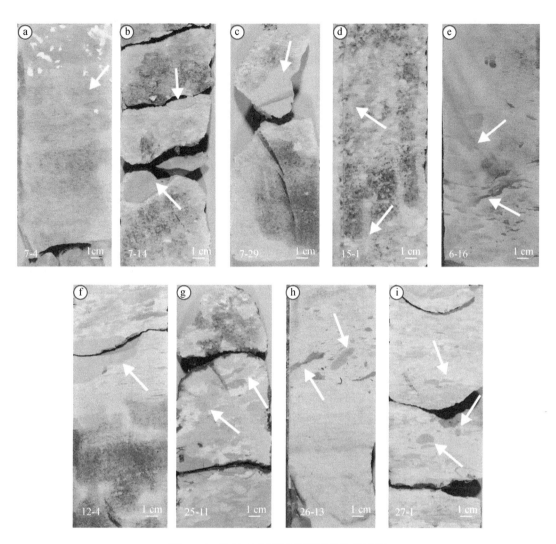

图 4-15　沈检 5 井不同成因泥砾分布特征

a. 粗砂岩层中的泥砾（长条状）；b、c. 冲刷–充填构造中泥砾（次圆–次棱角状）；d. 泥质砾石为主的砂砾岩（次圆–次棱角状）；e. 砂质碎屑流中的撕裂状泥砾（长条状）–悬浮状；f. 冲刷–充填构造中泥砾（长条状、不规则状）；g. 冲刷–充填构造中撕裂状泥砾；h、i. 不同来源泥砾的混合，泥砾磨圆和颜色有差异

4.2.2　沈检 3 井

　　沈检 3 井位于大民屯凹陷的中部静安堡—东胜堡构造带，沈检 5 井的西边，紧密相邻，为 1998 年实施的取心井，取心层位为沙河街组沙三段，取心井段为 1770.90 ~ 2010.06 m，进尺 113.66 m，岩心长度为 109.48 m，取心收获率 96.3%，是化学试验区重点研究的一口取心井。与沈检 5 井为同一沉积体系，目的层 $S_3^4 II$、$S_3^4 I$ 和 $S_3^3 III$ 三个油层组的沉积特征如下。

沈检 3 井 S_3^4 II 油层组井段为 1929 ~ 2014 m，厚 85 m，取心井段为 1929 ~ 2010.06 m，连续取心约 81 m 长（图 4-16）。扇三角洲前缘的水下分流河道沉积物岩性主要为砂砾岩、含砾粗砂岩、粗砂岩及细砂岩，分流间湾沉积物主要为泥质粉砂岩、粉砂质泥岩及粉砂岩，主要发育块状层理、小型波状层理、滑塌构造及生物扰动构造，小型冲刷面发育，冲刷面上泥砾多。水下分流河道砂体交错层理不发育，未发现辫状河三角洲前缘常见的大型侧积、板状及槽状交错层理（图 4-16）。

沈检 3 井 S_3^4 I 油层组井段为 1862 ~ 1929 m，厚 67 m，取心井段为 1907 ~ 1929 m，连续取心 22 m（图 4-16）。扇三角洲前缘的水下分流河道沉积物岩性亦主要为砂砾岩、含砾砂岩、粗砂岩及细砂岩，分流间湾沉积物主要为泥质粉砂岩、粉砂质泥岩、粉砂岩及泥岩，主要发育块状层理、小型波痕层理、波状层理及生物扰动构造，同时发育滑塌构造。与 S_3^4 II 油层组相比，S_3^4 I 油层组岩性整体变细，分流间湾沉积物以富泥为主（图 4-16）。

沈检 3 井 S_3^3 III 油层组井段为 1728 ~ 1862 m，厚 134 m，取心井段为 1770.9 ~ 1781.4 m，岩心长度约为 10.5 m（图 4-17）。与 S_3^4 II 和 S_3^4 I 油层组相比，岩石粒度整体变细，颜色变浅，扇三角洲前缘水下分流河道微相沉积物厚度变小，水下分流间湾沉积物明显增厚（图 4-17），反映凹陷水体有加深趋势。

4.2.3　静 66-60 井

静 66-60 井位于大民屯凹陷的中部静安堡—东胜堡构造带，沈检 5 井的东北边，为 1986 年实施的取心井，沙河街组沙三段埋深 1698.0 ~ 1982.0 m，进尺 252.2 m，岩心长度为 236.64 m，取心收获率 93.8%。与沈检 5 井为同一沉积体系，目的层 S_3^4 II、S_3^4 I 和 S_3^3 III 三个油层组的沉积特征如下。

S_3^4 II 油层组井段为 1900 ~ 1982 m，厚 82 m，连续取心（图 4-18）。扇三角洲前缘水下分流河道沉积物岩性主要为砂砾岩、含砾粗砂岩、粗砂岩及细砂岩，分流间湾沉积物主要为泥质粉砂岩、粉砂质泥岩及粉砂岩，主要发育块状层理、波状层理、透镜状层理、滑塌构造及生物扰动构造，冲刷面较为发育，冲刷面上见泥砾。水下分流河道砂体见小型交错层理，未发现辫状河三角洲前缘常见的大型侧积、板状及槽状交错层理，水下分流间湾沉积物以富砂型为主（图 4-18）。

S_3^4 I 油层组井段为 1834 ~ 1900 m，厚 66 m，连续取心（图 4-18）。扇三角洲前缘的水下分流河道沉积物岩性亦主要为砂砾岩、含砾砂岩、粗砂岩及细砂岩，分流间湾沉积物主要为泥质粉砂岩、粉砂质泥岩、粉砂岩及泥岩，主要发育块状层理、小型波痕层理、波状层理及滑塌构造。与 S_3^4 II 油层组相比，岩性整体略有变细，分流间湾沉积物泥质含量增加（图 4-18）。

S_3^3 III 油层组井段为 1700 ~ 1834 m，厚 134 m（图 4-19）。与 S_3^4 II 和 S_3^4 I 油层组相比，岩石粒度整体变细，颜色变浅，扇三角洲前缘水下分流河道微相沉积物厚度变小，水下分流间湾沉积物明显增厚，以富泥为主（图 4-19），反映凹陷水体有加深趋势。

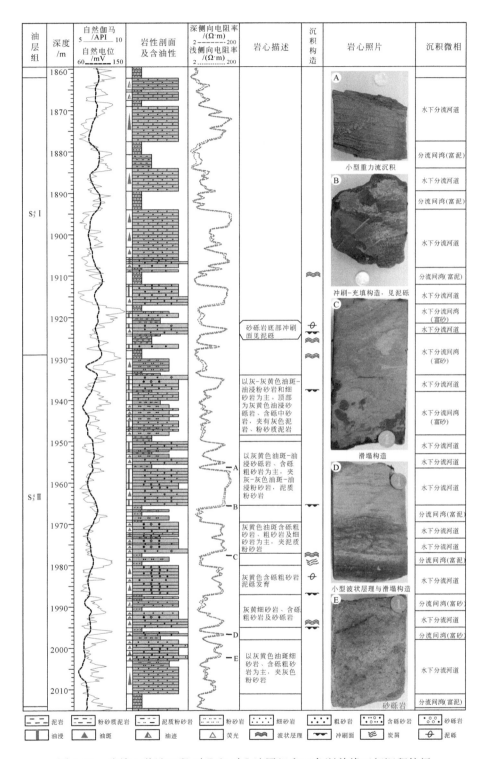

图 4-16 沈检 3 井沙三段 $S_3^4 II$ 和 $S_3^4 I$ 油层组扇三角洲前缘亚相沉积特征

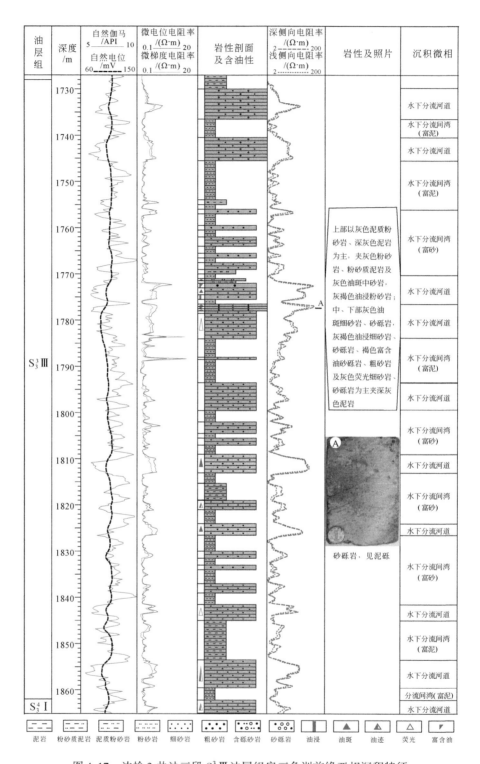

图 4-17 沈检 3 井沙三段 $S_3^3 III$ 油层组扇三角洲前缘亚相沉积特征

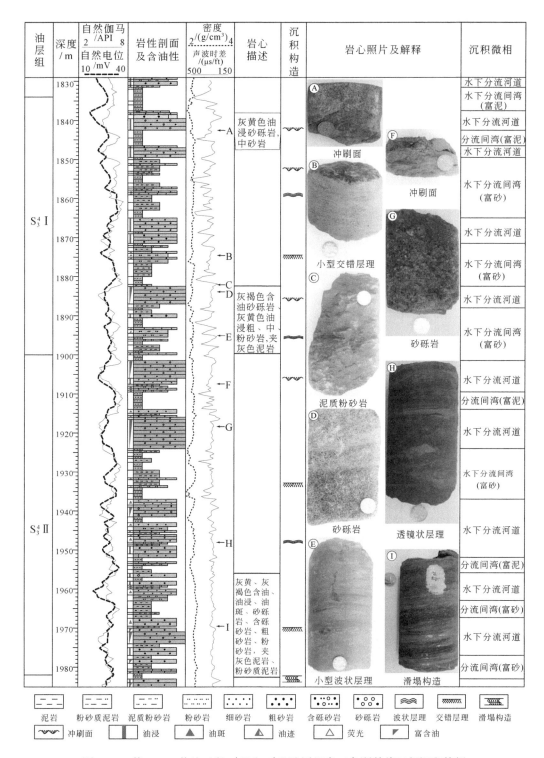

图 4-18 静 66-60 井沙三段 $S_3^4 II$ 和 $S_3^4 I$ 油层组扇三角洲前缘亚相沉积特征

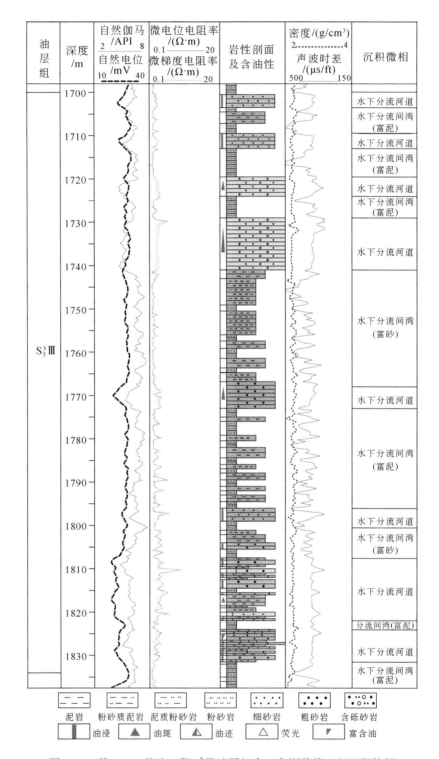

图 4-19　静 66-60 井沙三段 S_3^3 Ⅲ 油层组扇三角洲前缘亚相沉积特征

4.3 剖面沉积相和沉积演化

4.3.1 剖面沉积相

大民屯凹陷在西北侧与东、南两侧边界断层长期活动中的差异性沉降导致其形态由古近纪早期的西南高东北低转为晚期的西南低东北高,因此,古近纪晚期物源主要来自 NE 方向(林春明等,2019a)。顺物源方向的连井剖面(图 4-20)显示,大民屯凹陷中部静安堡—东胜堡构造带主要发育扇三角洲沉积体系,进一步划分为扇三角洲前缘水下分流河道微相、扇三角洲前缘水下分流间湾富砂型和富泥型微相;由于大民屯凹陷形成时的湖盆规模较小,面积约 800 km²,湖水较浅,风力作用于湖面的能量较小,故扇三角洲前缘亚相沉积受波浪改造强度相对较弱,扇三角洲前缘河口坝微相、席状砂微相不发育(林春明等,2019a;图 4-20)。凹陷内由 NE 至 SW 方向,静 66-60 井、沈检 3 井和沈检 5 井的水下分流河道砂岩粒度较粗,以砂砾岩、含砾砂岩、粗砂岩为主,水下分流河道发育,近物源特征明显,这个地区属于化学试验区。依次往 SW 方向分布的静 67-49 井、沈检 1 井、静 69-41 井和静 13 井的粗粒沉积物厚度显著递减,细砂岩、粉砂岩及泥岩等细粒沉积物厚度显著增大,水下分流河道减少,水体逐渐加深,并在 S_3^4 Ⅱ和 S_3^4 Ⅰ油层组依次出现滨浅湖亚相,显示这几口井离物源相对变远(图 4-20)。

根据构造形态和井位分布特征,绘制出沈 84—安 12 区块化学试验区的 S_3^4 Ⅱ、S_3^4 Ⅰ及 S_3^3 Ⅲ油层组纵横 9 条骨架剖面,对地层进行了横向划分对比,并绘制了连井沉积相剖面图(图 4-21、图 4-22),连井剖面分析依据基础井优先、后期开发井加密的思路,充分展示了沉积相在剖面上的变化特征(林春明等,2019a)。由于垂直物源方向连井沉积相剖面图特征相互间基本相似,顺物源方向连井沉积相剖面图也一样,因此,本书以过沈检 5 井取心井垂直和顺物源方向的两条剖面为例进行解剖(图 4-23)。研究区目的层 S_3^4 Ⅱ、S_3^4 Ⅰ及 S_3^3 Ⅲ油层组连井剖面分析表明(图 4-21、图 4-22),整体上 S_3^4 Ⅱ油层组内自上而下又可划分出 8 个小层,水下分流河道微相最为发育,河道深度较大,水下分流间湾富砂型微相发育;S_3^4 Ⅰ油层组内又可划分出 6 个小层,水下分流河道微相发育,水下分流间湾富砂型亦较为发育,S_3^4 Ⅱ到 S_3^4 Ⅰ油层组沉积水体深度具有变深趋势,但变化较小。S_3^3 Ⅲ油层组内自上而下又可划分出 9 个小层,明显与 S_3^4 Ⅱ和 S_3^4 Ⅰ油层组不同,水下分流河道微相发育相比较少,水下分流间湾富泥型微相较为发育,沉积水体相对于 S_3^4 Ⅱ和 S_3^4 Ⅰ油层组明显加深(图 4-21、图 4-22)。

4.3.2 沉积演化特征

沉积体系指的是在某一时间地层单元内,根据物源性质、搬运过程、沉积作用和发育演变几方面,把有内在联系的各个沉积相组成一个连续体系,它能与相邻的体系区分开来(冯增昭,1994)。同一沉积体系在时空上有一定联系,没有间断,符合“相序递变”规

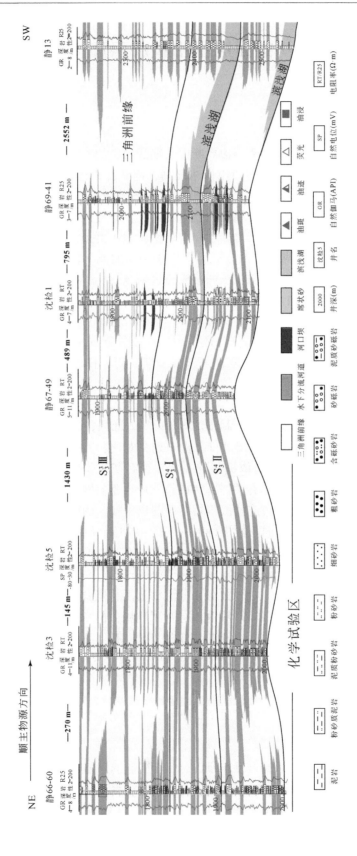

图4-20　辽河拗陷大民屯凹陷顺物源方向连井沉积相剖面图(位置见图2-2)

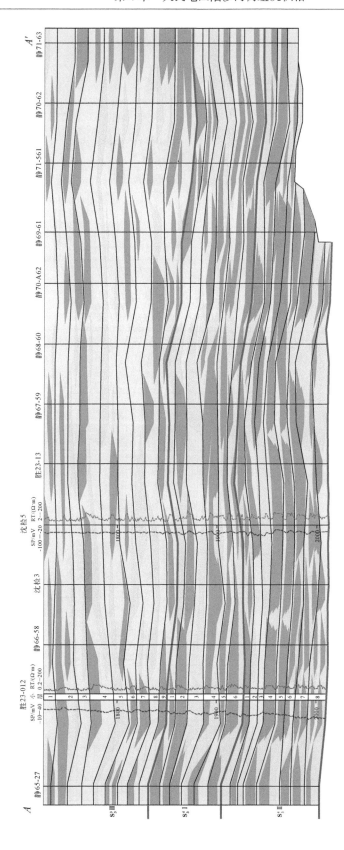

图4-21　辽河拗陷大民屯凹陷沈84—安12区块静65-27井—静71-63井沉积相剖面图（垂直物源方向；图例同图4-20）

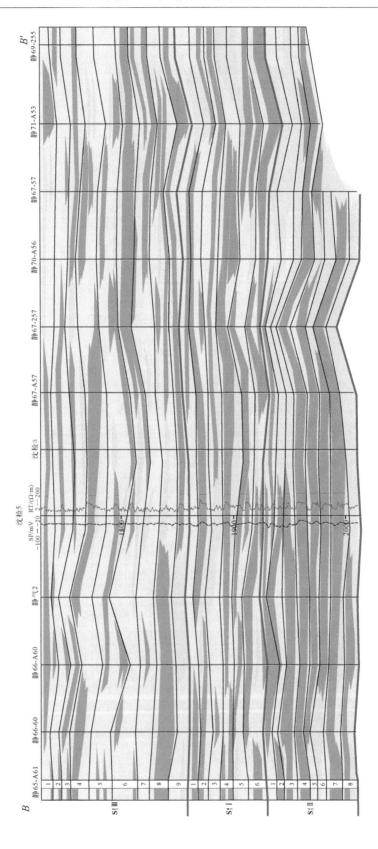

图4-22　辽河拗陷大民屯凹陷沈84—安12区块静65-A61井—静69-255井沉积相剖面图（顺物源方向；图例同图4-20）

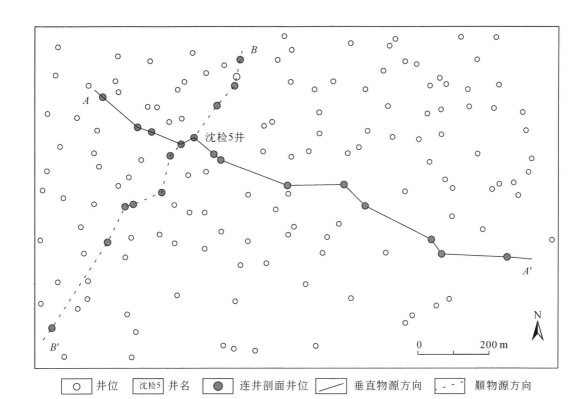

图 4-23　大民屯凹陷沈 84—安 12 区块化学试验区连井剖面位置图

律（林春明，2019）。

根据大民屯凹陷沈 84—安 12 区块构造背景、沉积环境、沉积特征、测井相等综合分析，化学试验区物源主要来自北东向，为近物源输送沉积，主要发育扇三角洲沉积体系，进一步划分为扇三角洲前缘亚相和扇三角洲前缘水下分流河道微相、扇三角洲前缘水下分流间湾富砂型和富泥型微相。由于大民屯凹陷形成时的湖盆规模较小，湖水较浅，风力作用于湖面的能量较小，故扇三角洲前缘亚相沉积受波浪改造强度相对较弱，扇三角洲前缘河口坝微相、席状砂微相不发育，以扇三角洲前缘亚相水下分流河道微相、水下分流河道间湾微相为主，其中水下分流间湾微相又细分为水下分流间湾富砂微相和水下分流间湾富泥微相。水下分流间湾富砂微相主要为河道溢岸沉积形成的产物。

以单井相和连井剖面相分析为基础，以 $S_3^4 II$、$S_3^4 I$ 和 $S_3^3 III$ 油层组为主要研究对象，我们编制了三个油层组的地层等厚图（图 4-24）、砂岩等厚图（图 4-25）和砂地比等值线图（图 4-26），在此基础上绘制了 $S_3^4 II$ 和 $S_3^4 I$ 油层组 10 个重点小层的沉积相平面分布图（图 4-27、图 4-28），展示了小层的沉积相演化特征，也基本反映了 $S_3^4 II$ 和 $S_3^4 I$ 油层组沉积相在横向和纵向的变化。

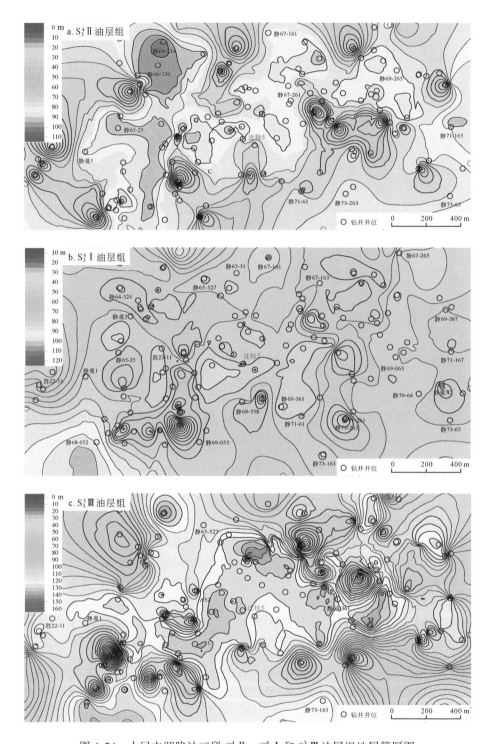

图 4-24　大民屯凹陷沙三段 $S_3^4 \text{II}$、$S_3^4 \text{I}$ 和 $S_3^3 \text{III}$ 油层组地层等厚图

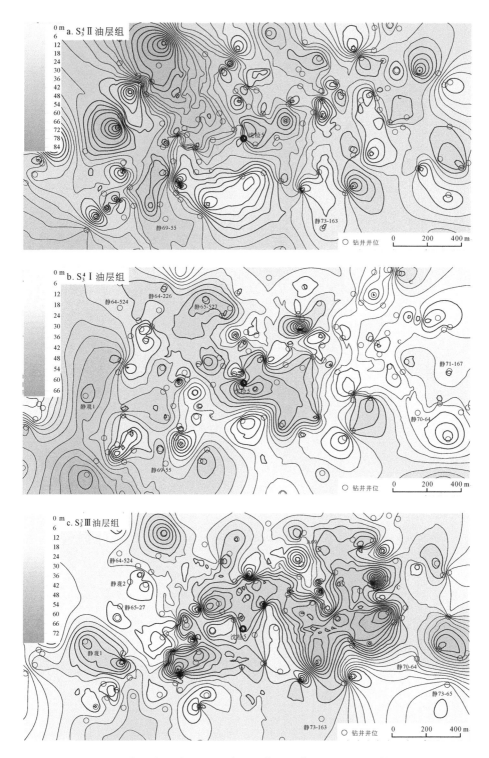

图 4-25　大民屯凹陷沙三段 $S_3^4 \text{Ⅱ}$、$S_3^4 \text{Ⅰ}$ 和 $S_3^3 \text{Ⅲ}$ 油层组砂岩等厚图

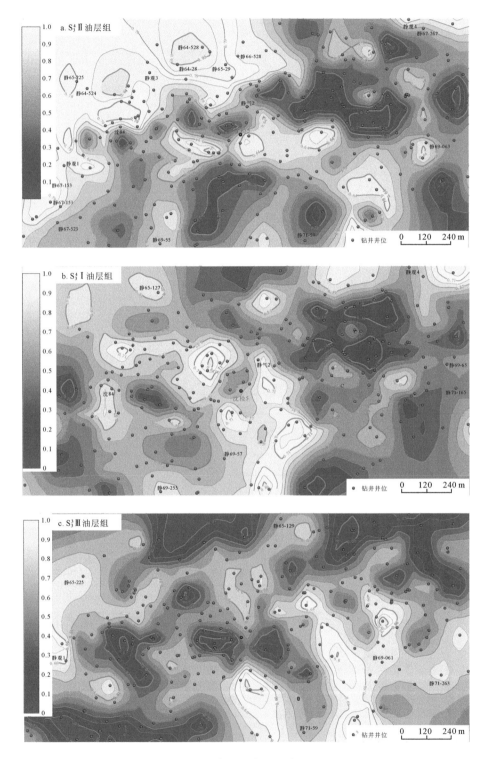

图 4-26　大民屯凹陷沙三段 S_3^4 II、S_3^4 I 和 S_3^3 III 油层组砂地比等值线图

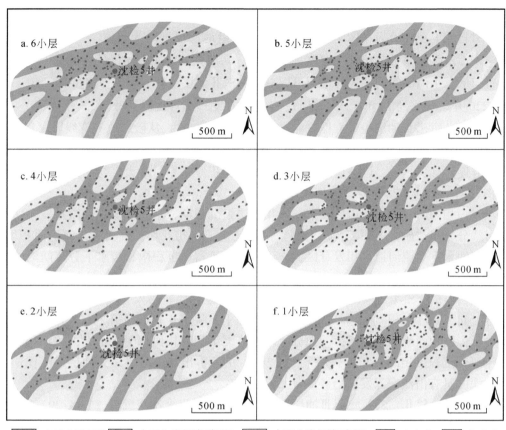

图 4-27　辽河拗陷大民屯凹陷沙三段 S_3^4 II 油层组沉积相平面分布图

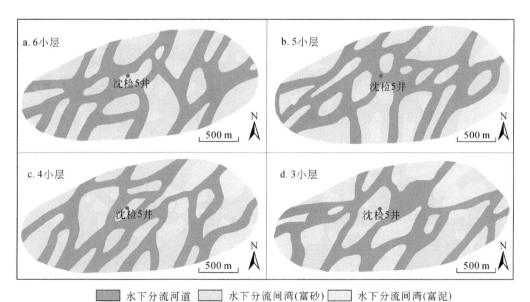

图 4-28　辽河拗陷大民屯凹陷沙三段 S_3^4 I 油层组沉积相平面分布图

　　从三个油层组的地层等厚图可以看到，$S_3^4 II$ 油层组地层厚度一般在 60～80 m，在静 64-226 井区可达到 110 m（图 4-24a）；$S_3^4 I$ 油层组地层厚度略为减薄，一般厚 50～70 m（图 4-24b），而 $S_3^3 III$ 油层组地层厚度普遍增厚，一般在 90～120 m，最大可达 150 m（图 4-24c）。从三个油层组的砂岩等厚图可以看到，$S_3^4 II$ 油层组砂岩厚度一般在 40～60 m，在静 64-226 井区可达到 70 m（图 4-25a）；$S_3^4 I$ 油层组砂岩厚度略为减薄，一般厚 30～50 m（图 4-25b），而 $S_3^3 III$ 油层组砂岩厚度略微减小（图 4-25c）。从砂地比等值线图（图 4-26）可以看到，自下而上，由 $S_3^4 II$ 油层组至 $S_3^3 III$ 油层组砂地比值在平面上虽然有不同变化，但总体上有逐渐减少趋势，即砂层厚度减小，泥质沉积厚度相对增大，与连井剖面沉积相变化（图 4-21 和图 4-22）一致。

　　从沉积相平面图的变化可以发现，$S_3^4 II$ 油层组沉积期，水下分流河道微相发育，平面上呈辫状分布，在研究区中部，河道频繁摆动使得河道相互切割、交汇，河道面积增大，形成有利的水下分流河道微相发育区，水下分流间湾富砂沉积微相较水下分流间湾富泥沉积微相发育（图 4-27）；纵向上，自下而上，由第 6 小层到第 1 小层（图 4-27a～f），这种趋势也是明显的。$S_3^4 I$ 油层组沉积期，水下分流河道微相较为发育，平面上呈辫状分布，水下分流间湾富砂沉积微相亦较为发育，自下而上，从第 6 小层到第 3 小层，水下分流间湾富砂沉积微相面积均逐渐减少，而分流间湾富泥沉积微相面积明显增大，辫状分布的水下分流河道沉积微相面积变化不大（图 4-28）。由此看出，$S_3^4 II$ 到 $S_3^4 I$ 油层组沉积期，湖盆水体深度具有由浅变深发展趋势。

　　总的来看，$S_3^4 II$、$S_3^4 I$ 及 $S_3^3 III$ 油层组均为扇三角洲前缘亚相沉积（图 4-29），湖盆沉积水体深度由浅逐渐加深，$S_3^4 II$ 油层组水下分流河道沉积最为发育，河道深度和宽度较大，溢岸沉积发育。$S_3^4 I$ 油层组次之，$S_3^3 III$ 油层组沉积水体较深，水下分流河道沉积发育相对较差，河道深度较浅且宽度小，溢岸沉积发育相对较差。

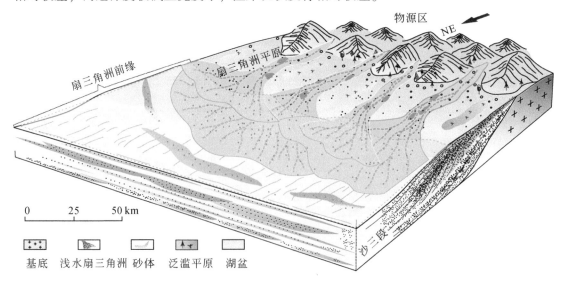

图 4-29　辽河拗陷大民屯凹陷沙三段 $S_3^4 II$、$S_3^4 I$ 和 $S_3^3 III$ 油层组沉积模式图

宏观上，区域构造演化、古气候、物源供给条件和相对湖平面变化等多种因素控制了沈 84—安 12 区块的沉积充填演化。

4.4　砂体与储层构型分析

4.4.1　水下分流河道砂体宽度预测

在油田开发后期，油田布井密度大，井间距可达到 50 ~ 100 m 的范围。在此井间距下，利用大量测井数据对储层砂体分布、规模和构型等都能进行较为精细的解剖，能更好地反映油气藏的分布特征。为应对石油资源紧缺，部分老油田开展了开发后期剩余油分布预测与开采研究，国内学者在河道砂体规模预测上也进行了初步探索，对河道砂体宽度进行了预测（林煜等，2013；李岩，2017；樊晓伊，2017；蒲秀刚等，2018；陈善斌等，2018；张翠萍等，2019）。

李岩（2017）在对赵凹油田赵凹区块核桃园组三段厚油层扇三角洲前缘储层构型研究的基础上，结合邻区双河油田核桃园组密井网资料，对该区单一水下分流河道宽度进行定量分析，总结出该区水下分流河道砂体和河口砂坝的厚度与宽度符合以下公式：

河道　　　　　　　　　　　　　　$w = 76.7h - 3.89$

河口坝　　　　　　　　　　　　　$w = 119.0h - 1.74$

式中，w 为宽度，m；h 为厚度，m。

樊晓伊（2017）在对准噶尔盆地春光区块沙湾组地层的研究中，利用测井与地震学资料，对浅水三角洲河道砂体的宽度和厚度进行分析，得到了复相关系数为 0.82 的公式，表示两者的相关性较好，具体公式如下：

$$W = 13.436H + 29.043$$

式中，W 为宽度，m；H 为厚度，m。

蒲秀刚等（2018）在对渤海湾盆地黄骅拗陷新近系河流相砂体进行定量表征研究中，利用测、录井资料、古河道水文参数资料对河流相古河道单砂体宽度和厚度进行预测，再根据不同河流形态提出不同的宽厚比拟合公式，提出河道带宽度是河道迁移的结果。在曲流河体系中，曲流带幅度 W_m 近似多期河道迁移的总幅度，当曲流河曲率>1.7 时，其与河流的满槽河流深度 D 关系为

$$W_m = 50.59D^{1.54}$$

辫状河沉积相中，河道带宽度 C_{hw} 与满槽深度 D 的关系为

$$C_{hw} = 59.9D^{1.80} \text{ 或 } C_{hw} = 192D^{1.37}$$

对于低弯度河河道带宽度的估算，因为其曲率也约为 1.3，所以按照辫状河公式进行计算。

陈善斌等（2018）在针对渤海湾 JX 油田东块扇三角洲前缘储层构型剖析研究中，利用测井数据分析得出研究区河道砂体的宽度与厚度分布范围以及相应宽度和厚度下的占比情况，并通过数值拟合得出研究区水下分流河道砂体宽度与厚度符合以下经验公式：

$$W = 84.03\mathrm{e}^{0.2911H}$$

式中，W 为宽度，m；H 为厚度，m。

两者拟合关系好，相关系数 R^2 达 0.98。

张翠萍等（2019）在对胡尖山油田胡 154 密井网区单河道砂体宽度进行定量表征时，利用统计的河道砂体宽度与厚度的分布概率数据进行拟合得到了以下公式：

$$W = 293.18\ln H - 73.678, R = 0.8541$$

式中，W 为河道宽度，m；H 为河道厚度，m；R 为该公式的相关系数。从公式可看出该区域河道砂体厚度与宽度呈较好的对数关系。此公式能较好地预测该区的单砂体规模，对加密井网部署具有指导作用。

对于辽河拗陷大民屯凹陷沈 84—安 12 区块砂体宽度的预测，我们首先是利用全区两百多口井的测井解释数据，来统计小层砂体厚度并绘制小层砂体厚度等值图，再统计每个小层的河道砂体的厚度分布区间和平均厚度，依照平均厚度这一参数，利用前人总结的经验公式，尝试计算本区域河道宽度。

现主要对砂体发育好的 $S_3^4\,\mathrm{II}$ 和 $S_3^4\,\mathrm{I}$ 油层组的河道砂体宽度开展预测研究，分别对这两个油层组共 14 个小层进行了河道砂体厚度统计，得到了 14 个小层的河道砂体平均厚度（表 4-7），并估算了对应的河道砂体宽度。也根据上文六位研究者提供的经验公式计算河道砂体宽度。

表 4-7　大民屯凹陷沈 84—安 12 区块 $S_3^4\,\mathrm{II}$ 和 $S_3^4\,\mathrm{I}$ 油层组河道砂体宽度经验预测

层号	研究区河道厚度/m	W/m						研究区砂体平均宽度
		林煜等，2013	李岩，2017	樊晓伊，2017	蒲秀刚等，2018	陈善斌等，2018	张翠萍等，2019	
		$282.23\mathrm{e}^{0.1294H}$	$76.7H$ -3.89	$13.436H$ $+29.043$	$59.9H^{1.80}$	$84.03\mathrm{e}^{0.2911H}$	$293.18\ln H$ -73.678	
$S_3^4\,\mathrm{I}_1^1$	5.2	553.1351	394.95	98.9102	1164.75	381.7988	409.6757	96
$S_3^4\,\mathrm{I}_1^2$	6.3	637.7474	479.32	113.6898	1645.28	525.8962	465.9343	132
$S_3^4\,\mathrm{I}_2^3$	6.2	629.5482	471.65	112.3462	1598.571	510.808	461.2434	154
$S_3^4\,\mathrm{I}_2^4$	6.5	654.4678	494.66	116.377	1740.487	557.4227	475.097	171
$S_3^4\,\mathrm{I}_3^5$	7.2	716.5173	548.35	125.7822	2092.307	683.4093	505.0831	136
$S_3^4\,\mathrm{I}_3^6$	7.7	764.4085	586.7	132.5002	2361.077	790.4828	524.767	106
$S_3^4\,\mathrm{II}_1^1$	6.8	680.3738	517.67	120.4078	1887.743	1223.283	576.9481	108
$S_3^4\,\mathrm{II}_1^2$	6.1	621.4543	463.98	111.0026	1552.46	608.2913	488.3254	165
$S_3^4\,\mathrm{II}_2^3$	6	613.4645	456.31	109.659	1506.951	496.1528	456.4761	154
$S_3^4\,\mathrm{II}_2^4$	9.8	1003.092	747.77	160.7158	3644.465	481.918	451.63	150
$S_3^4\,\mathrm{II}_3^5$	7.4	735.3028	563.69	128.4694	2198.082	1456.736	595.4709	142
$S_3^4\,\mathrm{II}_3^6$	7.8	774.3642	594.37	133.8438	2416.557	724.3784	513.1159	131
$S_3^4\,\mathrm{II}_3^7$	5.5	575.0301	417.96	102.941	1288.486	813.8319	528.55	126
$S_3^4\,\mathrm{II}_4^8$	5.3	560.3392	402.62	100.2538	1205.378	416.6406	426.12	122

　　从表 4-7 经验公式计算结果可看出，不同地区总结出的经验公式在大民屯凹陷沈 84—安 12 区块并不一定适用。因此，在前人经验公式基础上，还要结合沈 84—安 12 区块实际情况进行修正。

　　在结合大民屯凹陷沈 84—安 12 区块测井统计数据、平面沉积微相以及剖面砂体分布和实际预测出的水下分流河道砂体宽度的基础上，对以上经验公式计算结果进行筛选，最后认为樊晓伊（2017）研究成果较为接近沈 84—安 12 区块实际情况，按此估算，沈 84—安 12 区块 $S_3^4 \text{II}$ 和 $S_3^4 \text{I}$ 油层组水下分流河道砂体宽度分别为 150~250 m 和 100~200 m。

4.4.2　浅水扇三角洲前缘储层构型特征

　　通过对沉积、成岩、测井以及储层隔夹层等的分析，对不同级次储层构型单元的形态、规模、方向及其叠置关系进行研究，实现储层构型的定性和定量表征。

　　Miall（1996，2006）对河流相储层构型进行了初步探索分析，引起了国内外学者对储层构型研究的热潮。国内众多学者相继对部分老油区开展了储层构型研究，分别就沉积体构型单元级次划分、曲流河点砂坝夹层分布、侧积体叠置模式、辫状河储层内部构型界面分级及增生体沉积模式、辫状河三角洲前缘储层构型要素和构型模式等方面进行了较为深入的研究（吴胜和等，2013；张昌民等，2013）。前人的研究重点主要集中在河流相及曲流河与辫状河三角洲相沉积体的构型模式，该类储层构型研究已相对比较成熟，而对扇三角洲的储层构型分析还处在探究阶段，特别是对扇三角洲前缘亚相沉积体构型的研究还不够深入。目前，学者们也针对复杂的扇三角洲展开了储层构型研究，就扇三角洲储层单一河道边界及规模的识别、储层夹层类型的划分、构型界面的分级、构型要素的单井相划分及组合模式方面进行了研究（林煜等，2013；王珏等，2016；孙乐等，2017；李岩，2017）。

1. 构型要素

　　前人研究表明，扇三角洲前缘发育的构型要素分为水下分流河道、水下分流河道间砂、水下分流河道间泥、河口坝砂和前缘席状砂五种类型。但是河口坝和前缘席状砂发育不稳定，原因在于部分扇三角洲前缘区域的水动力较强，河道的改道周期很短，造成河道的下游地区很难形成稳定的河口坝和席状砂沉积（杨延强等，2014）。

2. 构型界面

　　在 Miall（1996，2006）对河流相构型要素分析的基础上，国内学者普遍将扇三角洲前缘构型界面划分为六个级次。

　　6 级构型，相当于扇三角洲复合体的包络面，主要为油层组间横向稳定分布的厚层泥质隔层，其限定了扇三角洲扇体沉积的空间范围，其顶部为一套稳定的泛滥湖相泥岩沉积，底部具有冲刷面及滞留沉积。

　　5 级构型，多成因砂体组成的复合砂体间界面，一般为砂组间相对稳定的泥岩隔层，相当于单个三角洲扇体的一次自旋回沉积。该构型界面能够很好地遮挡下部油气。

4 级构型，单成因砂体间的分界面，属于垂向上不同期次间歇沉积砂体间稳定的泥质隔层，为小层内阻碍流体流动的主要屏障。

3 级构型，单一砂体内部的岩相及粒度转变面，主要分布在单砂体的内部，反映了单期次砂体沉积过程中水动力的变化，也可能代表了成因单元内部次一级沉积事件的开始或结束，对于流体的流动能够起到局部的阻碍作用。

2 级构型，代表层系组之间的界面，厚度一般不超过 10 cm，分布较为稳定，在侧向上可能被更高级的界面所剥蚀，基本上不能对流体的渗流造成实质性的阻碍。

1 级构型，该构型为规模最小的构型级次，相当于砂体的纹层界面，稳定性差，顺层理发育，对流体的渗流不具有阻碍作用，该类型的构型界面在测井上无法识别，只有在岩心观察中才能见到（表4-8）。

表4-8 扇三角洲前缘构型级次划分（Miall，1996，2006）

界面级别	结构单元	旋回	时间单元/a	成因
6 级	扇三角洲朵叶体	长期	$10^4 \sim 10^5$	多期分流河道（河口坝、河道间）的叠加
5 级	同期分流河道（河口坝、河道间）复合体	中期	$10^3 \sim 10^4$	多个单一分流河道（河口坝、河道间）的叠加
4 级	单一分流河道（河口坝、河道间）顶底界面	短期	$10^2 \sim 10^3$	分流河道（河口坝）的迁移
3 级	单一分流河道（河口坝、河道间）内部夹层	超短期	$1 \sim 10$	季节性沉积事件
2 级	交错层系组界面		$0.01 \sim 0.1$	底形迁移
1 级	交错层系界面			底形迁移

针对以上分级，在剩余油开发实践中能够应用到的级次在 4 级及以上级次。因为大部分储层构型的研究基础在于单成因砂体，且现今的低级次构型的划分需要结合岩性与岩相分析来实现，由于精度限制，测井上无法表征，所以在实践中不会过多讨论低级次构型对于剩余油分布预测和挖掘潜力预测的影响。

3. 界面类型

界面类型主要有泥质隔层、河道底部冲刷面、泥质夹层、钙质夹层（张瑞香等，2019；Huang et al.，2021）。

河道底部冲刷面属于单一构型间的界面类型，主要发育在不同期河道间，是由基准面下降引起的侵蚀冲刷作用，或基准面上升初期的水进冲刷作用而形成的，后期河道对前期河道的侵蚀冲刷，使两期河道砂体直接接触，冲刷面之上堆积厚度不大的底部滞留沉积，岩性为砂砾岩、含砾砂岩、泥砾岩等。由于分选较差，物性相对较差，电阻率曲线为完整箱形或钟形，内部明显回返，回返程度受底部滞留沉积的岩性厚度影响。

泥质隔层属于单一构型间界面，为一期河道砂体的沉积后期，水动力作用逐渐减弱，在河道上部沉积泥质细粒物质，岩性主要为粉砂岩、泥质粉砂岩、粉砂质泥岩及泥岩。随着后期河道的迁移改道和下切作用，泥质层受到不同程度的侵蚀破坏，厚度差异较大。其典型的测井响应特征为自然电位接近泥岩基线，电阻率低值，微电位和微梯度曲线低值且幅度差很小。

泥质夹层属于单一构型内部的界面，其成因为水下分流河道的分流改道作用，水动力条件发生变化，在砂质纹层间形成泥质夹层，厚度较薄，电性曲线表现为不同程度的回返。

钙质夹层属于构型内的界面，是在沉积成岩过程中，随着埋深的增加，温度升高，压力增大，有机质热演化所释放的大量 CO_2 与地层水中的 Ca^{2+}、Mg^{2+} 等结合形成的碳酸盐交代成致密碎屑岩，测井曲线上主要表现为微电极和微梯度曲线高值，钙质尖等，电阻率曲线高值，自然电位曲线基本无负偏（李岩，2017；Huang et al.，2021）。

上述构型界面中，对于油气的分布影响最大的是构型间泥质含量高的泥质隔层，因为处在构型间的界面往往范围较广，厚度较大，对于流体的运移具有较强的阻碍作用，能够对油气藏的储集起到很好的作用；至于泥质夹层和钙质夹层，其处在构型界面内部，分布范围和厚度有很大的限制，不具备广泛性，所以其对油气运移与储集的影响较小；最后是河道底部的冲刷沉积，该沉积是由高强度与含沙量大的水流冲刷下部地层形成的滞留，虽然被冲刷的沉积物可能很细，但冲刷后形成的滞留沉积颗粒间沉积物较粗，很难在上下沉积体间形成封闭层，也就很难阻碍流体的运移（林煜等，2013）。

4. 构型要素组合模式

单砂体构型要素的叠置模式分为侧向和垂向两种模式，侧向的组合分为孤立型、对接型、切叠型 3 种类型（图 4-30a）；垂向的组合分为削截式水下分流河道、完整式水下分流河道、孤立式河口砂坝、多期叠加式河口砂坝、水下分流河道与河口砂坝的叠加 5 种类型（图 4-30b）。

1）侧向组合模式

孤立型是指两个同期不同位河道砂体之间有河道间泥质沉积侧向遮挡，两个砂体间无连通性。反映了高可容纳空间下，可容纳空间增长速率大于沉积物供给速率，导致河道水动力不足，摆动迁移能力弱的特征。

对接型是指两个同期单砂体向中间连接方向厚度逐渐变薄，在连接处钻遇单砂体的两口井测井曲线特征有明显差异，反映了两个单砂体之间存在物性差异，不属于同一单砂体。两个分流河道之间的对接关系，反映了在可容纳空间增长速率与沉积物供给速率相对平衡的条件下，河道侧向摆动迁移能力中等的特征，由于河道边部物性条件较差，所以两者之间的连通性较差；分流河道与河口砂坝之间的对接反映了在河口处快速沉积的河口砂坝，导致河道分叉的过程，由于河道下部与河口砂坝上部的物性条件较好，故两者之间连通性较好；河道与河道间砂之间的对接，反映了基准面较高时期，河道溢岸沉积细粒物质的过程，由于河道上部与河道间砂物性条件均较差，故两者之间连通性差（陈善斌等，2018）。

切叠型为两个同期单砂体的叠加，被切叠的单砂体测井曲线表现明显的回返。其中，河道与河道之间的切叠，反映了低可容纳空间下沉积物供给丰富，河道侧向迁移摆动频繁

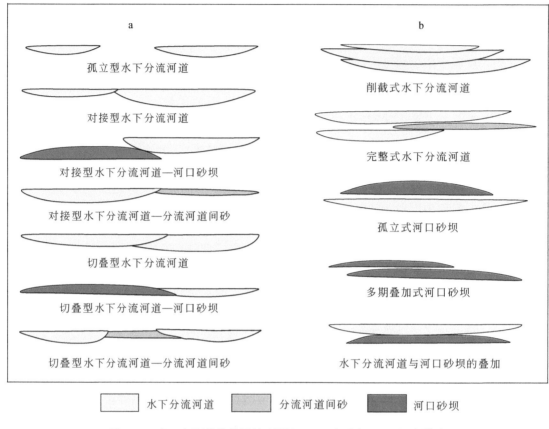

图 4-30　扇三角洲前缘储层构型侧向（a）和垂向（b）组合模式

的过程，若切叠面上沉积细粒物质，则形成遮挡，两者连通性差，若细粒物质被水流冲蚀，则两者连通性较好；河道与河口砂坝之间的切叠，反映了两者相互切割冲蚀的过程，连通性较好；河道与河道间砂之间的切叠，反映了前期河道间砂被后期河道切割冲蚀的过程，连通性差。

　　2）垂向组合模式

　　削截式水下分流河道是指早期的水下分流河道砂体顶部被下一期水下分流河道侵蚀，造成前一期河道砂体顶部细粒物质被截削。测井曲线呈薄齿化箱形，顶底呈突变接触。若形成于基准面缓慢上升，可容纳空间增长速率远小于沉积物供给速率的时期，则发育高能削截，顶底均发育冲刷面，主要由河床滞留沉积和粗–细砂岩组成，顶部细粒物质被完全冲刷侵蚀或仅保留较小厚度，连通性好；若形成于基准面缓慢上升的远离物源区或基准面加速上升的近物源区，可容纳空间增长速率略小于沉积物供给速率的时期，则发育低能削截式，与高能削截式相比水动力条件减弱，底部发育冲刷面，泥岩夹层频繁，形成不同程度的遮挡（张瑞香等，2019）。

　　完整式水下分流河道由两期或多期河道叠加而成，砂体间发育 1～2 m 厚的粉砂岩、泥质粉砂岩、泥岩等河道间沉积，每期河道底部具有冲刷面。测井曲线为多个钟形的叠加。此类型形成于基准面加速上升的充填阶段，可容纳空间增长速率大于沉积物供给速率，分流河道的切蚀作用较弱，使每期河道砂体的二元结构得以完整保存，砂体之间没有连通。

孤立式河口砂坝为保存完整的由细变粗的反粒序，测井曲线为典型漏斗形。形成于基准面下降，可容纳空间较大的时期，为稳定水下分流河道在河口处卸载的产物，砂体之间无连通。

多期叠加式河口砂坝为多个孤立的河口砂坝连续组成向上变粗的反粒序，每期河口砂坝之间沉积河道间细粒物质，是多期水下分流河道在同一河口处间断卸载的结果。砂体之间无连通。

水下分流河道与河口砂坝的叠置是指下部为河口砂坝，上部为水下分流河道的组合形式，称为"坝上河"。测井曲线表现为由漏斗形过渡到钟形的反粒序–正粒序。表明在基准面下降过程中，水下分流河道携带大量沉积物在河口处卸载，形成早期河口砂坝，之后基准面由下降转为上升，水下分流河道对河口砂坝进行不同程度的侵蚀冲刷，使河道砂体与遭受部分侵蚀的河口坝砂体直接接触，分流河道顶部物性条件好，河口砂坝底部物性条件好，两者相连的砂体内部连通性好（王珏等，2016）。

目前，针对扇三角洲前缘亚相的储层构型研究还是沿用了前人在河流相和三角洲相储层构型研究的理论，在构型要素、构型边界识别、构型界面、构型组合模式等方面也是在现有基础上依靠岩性、岩相和测井进行识别和分析，基于这种理论基础和研究方法的限制，导致储层构型这一领域的研究在近几年没有明显的创新与进步空间，若想要针对不同的沉积环境下的沉积体进行储层构型的精细分析，这将是一个巨大的考验与难题。

4.4.3　储层构型特征

依据前人研究成果对扇三角洲前缘储层构型特征进行了总结，现根据上述研究成果分析沈 84—安 12 区块浅水型扇三角洲前缘储层构型特征。

1. 构型要素

通过分析沈 84—安 12 区块岩心和测井数据，发现该区块构型发育较为明确，主要发育水下分流河道砂、水下分流河道间湾砂和水下分流河道间湾泥三种构型要素（表 4-9），不发育河口砂坝和席状砂。

水下分流河道砂体在沈 84—安 12 区块大量发育，作为主要储层构型，该类型砂体中冲刷面发育，说明水下分流河道改道频繁。分流河道间湾砂体主要紧贴水下分流河道，该类型砂体也是重要的储层构型。河道间湾砂体主要为粉砂岩，并夹薄层泥岩，测井曲线为齿状特征。通过岩心和测井观察与分析，水下分流河道间湾泥未发现厚度较大的纯泥岩，主要为粉砂质泥岩，夹薄层泥岩。研究区水下分流河道间湾是一个较为复杂的沉积环境，水下分流河道频繁改道和溢岸沉积是导致这一现象的重要因素（图 4-21）。

表 4-9　大民屯凹陷沈 84—安 12 区块储层构型要素特征

亚相	构型要素	岩石类型	沉积原因	沉积构造	测井表征
扇三角洲前缘	水下分流河道砂	含砾粗砂岩，中砂岩、细砂岩	垂向加积，填积	平行层理、小型交错层理、块状层理、冲刷面	箱型、钟型
	水下分流间湾砂	粉砂岩、泥质粉砂岩	漫积	沙纹层理、透镜状层理	中等齿状
	水下分流间湾泥	泥岩、粉砂质泥岩	漫积	水平层理	曲线平直或微齿状

2. 构型界面

研究区构型界面级次的划分延续前人对扇三角洲前缘亚相储层构型的划分标准，将储层构型划分为六级。6 级为扇三角洲复合体的包络面；5 级为多成因砂体组成的复合砂体间界面；4 级为单成因砂体间的分界面；3 级为单一砂体内部岩相及粒度转变面；2 级为层系组之间的界面；1 级为砂体的纹层界面。在储层构型界面研究中，主要涉及 6 级、5 级和 4 级构型界面，在测井上能较为准确识别，并对油气藏剩余油开发具有直接指导意义（吴胜和等，2013）。

1）界面类型

沈 84—安 12 区块储层构型间界面类型主要包括泥质隔层，水下分流河道底部冲刷面，泥质夹层，钙质夹层。其特征在前文已阐述，这里不另做说明。需要说明的是，沈 84—安 12 区块泥质隔层以粉砂质泥岩和薄层泥岩为主，少见厚层纯泥岩隔层；再有就是通过岩心观察发现冲刷面较为发育，说明河道改道期较短。泥质夹层较为常见，钙质夹层通常发育于水下分流河道砂体的顶面或水下分流河道叠合界面。

2）构型要素组合模式

沈 84—安 12 区块构型要素的组合模式主要针对水下分流河道单砂体的组合模式进行讨论。水下分流河道单砂体的叠置模式分为侧向和垂向两种，侧向的组合分为孤立型、对接型和切叠型 3 种类型；垂向的组合分为削截式水下分流河道和完整式水下分流河道叠置 2 种类型。

侧向孤立型砂体（图 4-20、图 4-21 和图 4-22）在沈 84—安 12 区块主要发育在 S_3^3 Ⅲ油层组和 S_3^4 Ⅰ油层组顶部，砂体数量少，砂体间连通性差；而 S_3^4 Ⅱ油层组砂体发育较多，相互之间连通性也较好，砂体间主要成侧向对接和侧向切叠两种类型的组合模式，说明本段河道发育且河道改道频繁，导致砂体分布范围广且连通性好（图 4-21 和图 4-22）。

由于河道较为稳定，所以垂向组合模式在研究区的 S_3^3 Ⅲ油层组和 S_3^4 Ⅰ油层组顶部以完整的水下分流河道叠置为主，砂体间连通性差，基本不连通；而在 S_3^4 Ⅱ油层组则发育削截式水下分流河道类型的组合模式，砂体间呈连通和弱连通（图 4-21 和图 4-22）。

本节主要介绍了沈 84—安 12 区块河道砂体宽度的预测和储层构型特征的分析。在河道砂体宽度方面，首先是总结了前人在河道砂体宽度预测方面提出的经验公式，再根据本区块统计的河道砂体平均厚度数据，利用以上公式计算出沈 84—安 12 区块主力油层 S_3^4 I 和 S_3^4 II 油层组内各小层的平均河道砂体宽度，由于公式的差异性，导致最后的结果不一致，所以我们结合了本区块平面微相所勾画的河道砂体宽度，对经验公式计算出的砂体宽度进行了筛选，最后确定樊晓伊所提出的经验公式较为符合本区块的实际情况，得出沈 84—安 12 区块 S_3^4 II 和 S_3^4 I 油层组水下分流河道砂体宽度分别为 150 ~ 250 m 和 100 ~ 200 m，利用该数据能辅助油田后期剩余油开采。

沈 84—安 12 区块化学试验区目的层属于扇三角洲前缘亚相沉积。研究区储层构型研究吸收了前人在河流相和三角洲相储层构型研究的成果，运用了扇三角洲前缘储层构型最新研究思路。沈 84—安 12 区块构型要素分为三类，分别是水下分流河道砂、水下分流河道间湾砂和水下分流河道间湾泥。构型级次的划分参照了大多学者所采用的 6 级划分标准，将构型划分为 6 级，但研究对象主要针对 4 和 5 级构型。构型界面类型与大多数扇三角洲存在的构型界面类型相同，主要为泥质隔层、河道底部冲刷面、泥质夹层、钙质夹层。最后关于储层构型组合模式的描述主要从两方面展开，一是水下分流河道单砂体的侧向组合模式，二是垂向组合模式，研究区砂体的侧向组合模式有孤立型、对接型、切叠型三种类型，垂向组合模式主要有完整式水下分流河道和削截式水下分流河道两种类型。本书通过计算水下分流河道砂体宽度及描述储层构型特征，对砂体形态大小和空间分布特征进行了分析，有助于后期剩余油分布预测和开发方案设计。

第 5 章　储层岩石学特征和成岩作用研究

陆源碎屑岩中的主要岩石类型是砂岩，碎屑岩中的碎屑物质主要来源于母岩机械破碎的产物，是反映沉积物来源的重要标志（林春明，2019）。砂岩中的主要碎屑成分石英、长石、岩屑以及重矿物在恢复物源区的研究中具有极为重要的意义（林春明等，2020）。本研究主要通过岩石普通薄片、染色薄片、扫描电镜、铸体薄片、X 射线衍射分析，加深了对辽河拗陷大民屯凹陷古近系沙河街组沙三段 $S_3^4 II$、$S_3^4 I$ 和 $S_3^3 III$ 三个油层组储层岩石学特征的认识，并对其储层的岩石成分、含量、结构、构造、颗粒接触关系类型、胶结类型等作了详细分析，为储层评价的开展奠定了基础（林春明等，2019a）。

5.1　岩石成分及其特征

通过对辽河拗陷大民屯凹陷古近系沙河街组三段地层共 16 口取心井 1327.42 m 长岩心的观察，储层岩性有砂砾岩、含砾砂岩、粗砂岩、中砂岩、细砂岩、粉砂岩、泥质粉砂岩 7 种类型，主要为细砂岩、砂砾岩，其次为粉砂岩、粗砂岩（图3-9）。岩石薄片镜下观察可知研究区目的层储层岩石主要为长石岩屑砂岩和岩屑砂岩，还有少量岩屑长石砂岩（图 5-1）。碎屑成分以石英、长石、岩屑为主，粒间主要为泥质杂基、自生黏土矿物和钙质胶结。砂岩粒度范围 0.03 ～ 2.60 mm，主要粒径区间值为 0.25 ～ 0.71 mm。根据环境敏感粒度组分（邓程文等，2016）分析，对环境较为敏感的两个粒径值分别为 –0.75 Φ 和 5 Φ。砂岩分选中等，磨圆度多为次圆–次棱角状（图 5-2a），支撑方式为颗粒支撑，颗粒间接触关系以点–线接触为主（图 5-2b），少部分呈现出凹凸接触的特点，表明压实作用强度不高。岩石结构普遍表现为成分成熟度偏低、结构成熟度中等的特点。具体特征如下：

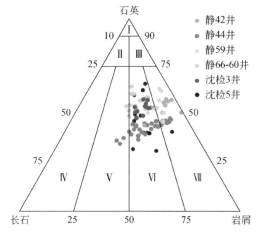

图 5-1　大民屯凹陷沈 84—安 12 区块碎屑岩储层岩石成分分类图（Huang et al.，2021）

Ⅰ-石英砂岩；Ⅱ-长石石英砂岩；Ⅲ-岩屑石英砂岩；Ⅳ-长石砂岩；Ⅴ-岩屑长石砂岩；Ⅵ-长石岩屑砂岩；Ⅶ-岩屑砂岩

图 5-2　大民屯凹陷沈检 5 井碎屑岩储层岩石特征

a. 碎屑颗粒多呈次圆–次棱角状，1913.79 m，（+）；b. 碎屑颗粒间以点–线接触为主，1912.39 m，（+）

1. 石英

碎屑石英颗粒含量为 26%～55%，平均值为 42% 左右，以单晶石英为主；有少量燧石。石英颗粒表面干净，具有波状消光。分选中等，磨圆度多为次圆–次棱角状，多发育石英次生加大（图 5-3a）。

图 5-3　大民屯凹陷沈 84—安 12 区块碎屑岩储层石英和长石显微镜下特征

a. 石英次生加大，沈检 5 井，1912.39 m，（+）；b. 斜长石的聚片双晶，沈检 3 井，1982.20 m，（+）；

c. 具格子双晶的微斜长石，沈检 5 井，1886.81 m，（+）；d. 条纹长石，沈检 3 井，1977.40 m，（+）

2. 长石

储层中长石含量在 16.2%~38.0% 之间，平均含量为 19%，有钾长石和斜长石两种，以斜长石为主，其含量约为钾长石的 2~3 倍。斜长石含量一般在 8.0%~21.2%，平均为 15.5%，发育聚片双晶，常发生绢云母化（图 5-3b）。钾长石主要为微斜长石（图 5-3c）、条纹长石（图 5-3d）和正长石，含量一般在 5.2%~9.0%，平均 6.3%。微斜长石以格子双晶为特征；正长石高岭土化严重，表面常常污浊。长石发育对次生溶蚀孔隙的形成是一个有利因素。受后期酸性流体的影响，长石的溶蚀现象非常普遍，随着溶蚀强度的增加依次形成粒内溶孔、残余铸模孔。

3. 岩屑

岩屑组分较为复杂，含量较高，其含量 5%~42%，平均含量为 27%。岩屑主要为变质岩岩屑，且母岩为岩浆岩的变质岩屑常见，其中以变质岩岩屑为主，岩浆岩岩屑次之、沉积岩岩屑最少。变质岩岩屑以变质石英岩（图 5-4a）、脉石英（图 5-4b）为主，石英岩（图 5-4c）、片岩（图 5-4d）和千枚岩岩屑等较少见；岩浆岩岩屑中以中酸性的喷出岩为主，如安山岩岩屑，深成岩少见，此外可见到少量隐晶质岩屑（图 5-4e）和花岗质岩屑（图 5-4f）；沉积岩岩屑中多见粉砂岩（图 5-4g）、硅质岩（图 5-4h）岩屑等。

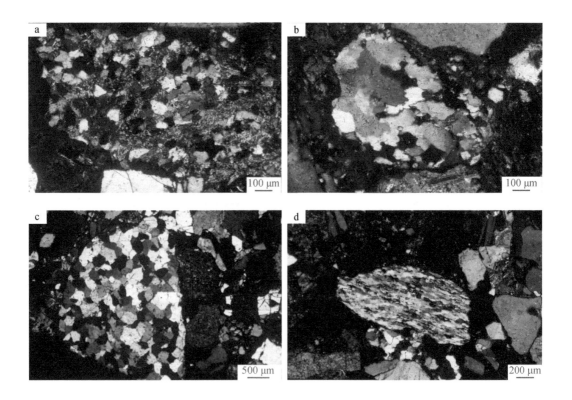

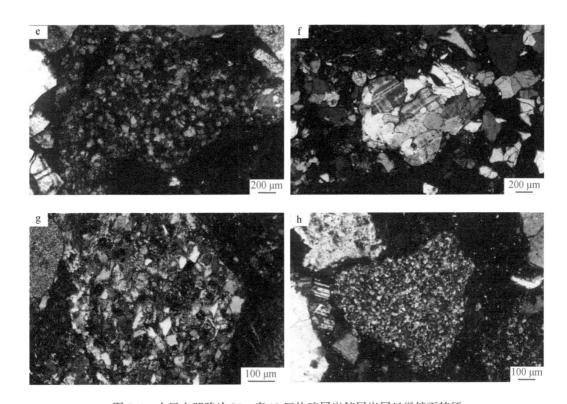

图 5-4　大民屯凹陷沈 84—安 12 区块碎屑岩储层岩屑显微镜下特征

a. 变质石英砂岩岩屑，沈检 3 井，1956.80 m，（+）；b. 脉石英，沈检 3 井，1956.80 m，（+）；c. 石英岩岩屑，沈
检 3 井，1956.80 m，（+）；d. 片岩岩屑，沈检 3 井，1975.80 m，（+）；e. 隐晶岩岩屑，沈检 3 井，1886.61 m，（+）；
f. 花岗质岩屑，沈检 3 井，1909.39 m，（+）；g. 粉砂岩岩屑，沈检 3 井，1975.80 m，（+）；h. 燧石，沈检 3 井，
1968.80 m，（+）

4. 云母

　　储层岩石中云母多为白云母，黑云母较少见，云母总含量小于 5%，在颗粒粒径较细
的粉砂岩、细砂岩中分布比较普遍，且多以长条状和片状颗粒出现（图 5-5a、b），局部
呈定向排列，部分发生挤压弯曲。白云母在单偏光镜下无色透明，一组极完全解理，干涉

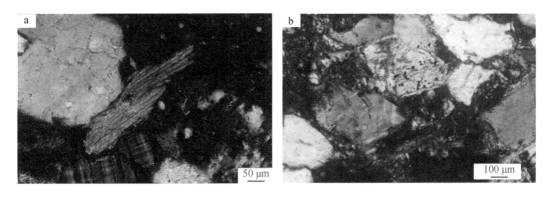

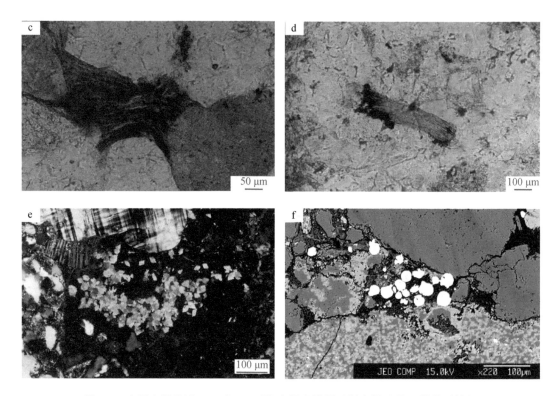

图 5-5　大民屯凹陷沈 84—安 12 区块碎屑岩储层云母和填隙物显微镜下特征

a. 长条状白云母，沈检 3 井，1968.80 m，(+)；b. 板状白云母，沈检 5 井，1872.83 m，(+)；c. 黑云母蚀变后体积膨胀，沈检 5 井，1781.86 m，(-)；d. 黑云母蚀变为绿泥石，沈检 5 井，1781.86 m，(-)；e. 白云石交代碎屑颗粒，沈检 5 井，1981.31 m，(-)；f. 黄铁矿胶结物，沈检 5 井，1877.36 m，探针背闪射

色最高可达到二级顶部；黑云母为暗色矿物，单偏光镜下具多色性，在部分绿泥石含量较多的层位，可观察到黑云母向绿泥石蚀变过渡的现象。黑云母蚀变后体积膨胀、发生变形，呈"假杂基"充填于颗粒之间（图 5-5c、d）。

5. 填隙物

研究区填隙物主要分为泥质杂基和胶结物，其中以胶结物为主。胶结物主要是指碎屑岩中以化学沉淀方式形成于粒间孔隙中的自生矿物，它们有的形成于沉积–同生期，但大多是成岩期的沉淀产物。胶结物成分主要为自生黏土矿物和碳酸盐胶结，其次为硅质胶结物，局部层位铁质胶结发育。自生黏土矿物主要有伊蒙混层、高岭石和绿泥石，伊利石多为沉积成因，极少量为成岩自生矿物。碳酸盐胶结物包括方解石、含铁方解石、铁白云石（图 5-5e）和极少量菱铁矿，主要呈斑点状或嵌晶状充填于颗粒之间，其含量为 1.4%~16%（表 5-1）。硅质胶结主要以石英次生加大和自生石英两种形式出现。铁质胶结以自生草莓状黄铁矿为主（图 5-5f），仅部分层位发育，含量仅为 1%~4%。

表 5-1　沈检 5 井砂岩储层 X 射线衍射（XRD）全岩分析　　　　（单位:%）

深度/m	黏土矿物	石英	钾长石	斜长石	方解石	菱铁矿	黄铁矿	白云石类	石盐
1773.6	14.4	57.0	5.2	21.0		1.0		1.4	
1782.2	7.5	52.5	7.4	26.9	4.4			1.3	
1866.2	6.1	55.5	7.9	21.7	8.1			0.7	
1867.8	4.9	69.4	6.5	18.0	0.8	0.4			
1876.3	6.6	69.3	6.6	15.8	0.7			1.0	
1879.4	11.4	57.1	9.2	21.6	0.7				
1881.3	7.1	64.7	7.3	18.3	1.3	0.5		0.8	
1883.4	8.0	68.2	8.1	13.6	0.9			1.2	
1885.9	6.9	60.3	7.5	19.9	4.6			0.8	
1889.2	6.2	65.6	7.7	18.9	0.7			0.9	
1897.2	13.3	51.7	7.8	18.0	7.8			1.4	
1900.9	6.5	60.9	8.1	22.4	0.6	0.5		1.0	
1907.8	5.6	42.2	12.2	19.7	14.9		4.3	1.1	
1908.8	5.5	62.4	8.3	22.4	1.4				
1918.6	9.4	59.3	8.9	18.6	1.6	0.6		1.6	
1929.1	4.2	66.6	8.3	18.4	0.8	0.4		1.3	
1938.0	5.2	64.6	8.3	19.3	0.9			1.7	
1945.6	5.6	57.6	9.2	13.6	12.8			1.2	
1946.9	5.2	67.6	6.9	18.8	0.6			0.9	
1953.7	6.4	67.7	7.4	16.5	0.7			1.3	
1965.8	4.7	66.7	7.4	18.5	1.1			1.6	
1977.1	5.2	54.5	9.3	28.7	1.4				0.9
1985.4	11.0	58.5	8.5	19.4	0.9			1.7	
1991.9	4.6	66.3	8.3	18.6	0.7	0.5		1.0	
2002.7	5.2	65.9	8.0	19.3	0.7			0.9	

5.2　黏土矿物特征

　　黏土矿物对于研究储层物性来说是一类非常重要的矿物，它是一类敏感性矿物，因而流体流速、流体化学性质变化均可能引发微粒失稳，分散、运移或形成不利的无机沉淀，导致储层渗透性降低。通过扫描电镜、X 射线衍射等分析手段可知，研究区储层中主要出现的黏土矿物有四种：伊蒙混层、高岭石、绿泥石及伊利石。其中高岭石含量最高，伊利石含量最低（表 5-2）。高岭石相对含量 38.4%~62.5%，平均含量为 47.3%；伊蒙混层相对含量 11.1%~36.1%，平均含量为 26.3%；绿泥石相对含量 14.6%~27.9%，平均含量为 20.2%；伊利石相对含量 3.5%~10.1%，平均含量为 6.2%。研究区所有样品中均未见蒙皂石和绿蒙混层。

表5-2　大民屯凹陷沙三段碎屑岩储层黏土矿物含量

井名	深度/m	样品数	伊蒙混层/%	伊利石/%	高岭石/%	绿泥石/%
沈检1	2004.7~2099.3	12	22.0	8.5	41.6	27.9
	2105.0~2166.0	15	26.1	10.1	38.4	25.5
沈检3	1772.4~1774.5	3	11.1	6.2	62.5	20.2
	1905.8~2005.8	31	27.1	4.7	52.8	15.3
沈检5	1773.5~1897.3	20	36.1	4.3	42.0	17.7
	1900.8~2002.8	66	35.2	3.5	46.7	14.6

在浅埋藏的条件下，砂岩中自生黏土矿物的形成受沉积相、气候条件和砂岩碎屑组分的控制。通常在早成岩阶段，绿泥石和伊利石多来源于未经深埋藏成岩作用的沉积物，为沉积成因，而非成岩成因（Wilson，1999）。根据黏土矿物XRD资料可知，大民屯凹陷沙三段地层中伊利石含量最少，除极少部分由蒙皂石转变而来外，其他多为沉积成因；与成岩作用相关的自生绿泥石多分布在颗粒表面，或呈绒球状充填粒间孔隙，沙三段储层中的岩浆岩岩屑（主要是中性喷出岩）的溶解使得流体介质中Fe^{2+}和Mg^{2+}比较丰富，为自生绿泥石的形成提供了物质来源（张霞等，2011a，2011b；Zhang et al.，2012）。

1. 高岭石

S_3^3 Ⅲ 、S_3^4 Ⅰ 、S_3^4 Ⅱ三个油层组砂岩、砂砾岩中高岭石含量最高，是最为常见的黏土矿物。因其晶体较小，一般以很细小的集合体出现，在偏光显微镜下难以辨别，扫描电镜下可以清楚地辨别出其形态。高岭石单晶呈假六方鳞片状，晶体形态完整（图5-6a）；集合体多呈书页状（图5-6b），少见蠕虫状，多充填粒间孔（图5-6c）或分布在颗粒表面（图5-6d），分散状少见。高岭石晶片间发育大量的晶间孔，为储集油气提供丰富的储集空间。虽然高含量的高岭石对储层的孔隙度有一定贡献，但也需要考虑到其作为速敏性黏土矿物的特殊性。由于储层中高岭石颗粒较大，在岩石颗粒表面附着不牢固，当外来流体

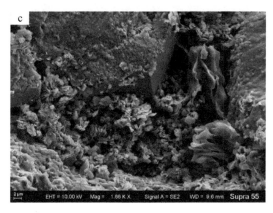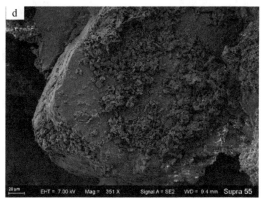

图 5-6　大民屯凹陷沈检 5 井碎屑岩储层高岭石显微镜下特征

a. 假六方鳞片状高岭石充填粒间孔隙，1782.85 m；b. 高岭石集合体呈书页状，1941.67 m；

c. 高岭石充填粒间孔中，2002.59 m；d. 高岭石分布在颗粒表面，1999.38 m

或油气层中流体以较高流速流经孔隙通道时，所产生的剪切力使高岭石脱落并随流体在孔道中发生移动，较大颗粒的高岭石就有可能在喉道内形成堵塞，对注水开发的影响较大。因此，高岭石对储层潜在损害为水锁损害，碱敏、酸敏和速敏（表 5-3）。

表 5-3　大民屯凹陷沙河街组沙三段碎屑岩储层黏土矿物的基本存在形式及潜在损害

矿物	结构类型	产状	赋存形式	潜在损害形式
高岭石	1:1	蠕虫状、片状杂乱分布	粒间及少量粒表	高岭石的出现是次生溶蚀孔隙显著富集，有利储层发育的标志。速敏、碱敏、酸敏和水锁
绿泥石	2:1:1	鳞片状、针叶状	颗粒包膜、孔隙衬里、孔隙充填	水锁、碱敏、速敏和水敏
伊蒙混层	2:1	片状、丝状、蜂窝状	粒间及粒表	丝状伊蒙混层分隔孔喉，片状伊蒙混层填积孔隙和分隔孔隙喉道，堵塞储层，使储层物性变差。水锁、碱敏、速敏、水敏
伊利石	2:1	片状、片丝状、毛发状	粒间及粒表	毛发状伊利石分隔孔喉、片状伊利石填积孔隙分隔孔隙喉道；且伊利石易于水化膨胀，分散运移，增大束缚水饱和度，使储层物性变差。速敏、碱敏、酸敏、水锁

2. 绿泥石

绿泥石以叶片状、针叶状胶结于颗粒表面（图 5-7a、b）和孔隙中（图 5-7c）；或呈绒球状集合体充填于原生粒间孔隙（图 5-7d），常与自生石英共生。绿泥石常以颗粒包膜、孔隙衬里和孔隙充填形式出现，它们降低压实作用对储层孔隙的缩小，抑制石英次生加大边的形成，为酸性流体的进入及溶解物质的带出提供通道，对储层起保护作用。对储层的损害方式主要有水锁、碱敏、速敏和水敏（表 5-3）。

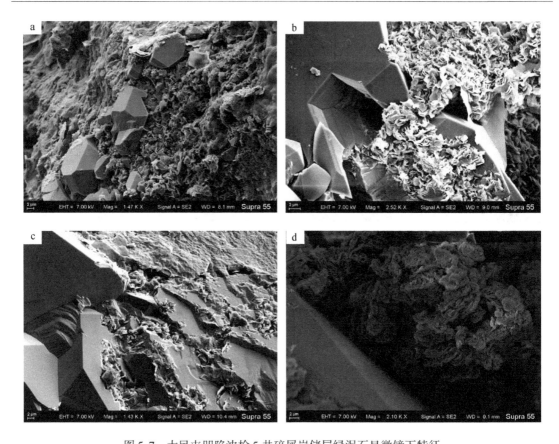

图 5-7　大民屯凹陷沈检 5 井碎屑岩储层绿泥石显微镜下特征

a. 叶片状绿泥石与自生石英共生，1884.44 m；b. 针叶状绿泥石分布于自生石英表面，1884.44 m；

c. 绿泥石充填于自生石英溶蚀孔中，1866.86 m；d. 绒球状绿泥石充填粒间孔隙，1869.21 m

3. 伊蒙混层

伊蒙混层黏土矿物在研究区储层中含量也较高，呈片状、半蜂窝状结构，多分布于碎屑颗粒表面（图 5-8a、b），少部分充填于颗粒之间（图 5-8c、b）。对储层的损害方式主要有水敏、碱敏和速敏（表 5-3）。

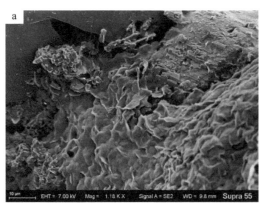

图 5-8　大民屯凹陷沈检 5 井碎屑岩储层伊蒙混层扫描电镜下特征

a. 片状伊蒙混层分布于颗粒表面，1927.73 m；b. 片状伊蒙混层分布于颗粒表面，1884.44 m；

c. 伊蒙混层分布于颗粒间，1987.00 m；d. 片状伊蒙混层分布于颗粒间，2002.59 m

4. 伊利石

研究区储层中伊利石含量极低，从黏土矿物 X 射线衍射资料来看，平均小于 10%。考虑到研究区热演化程度不高，伊蒙混层有序度低，推测伊利石多为沉积成因，成岩期自生成因较少。扫描电镜下自生伊利石呈弯曲片状充填于颗粒之间（图 5-9），未观察到丝状、毛发状和桥接状。伊利石对储层的潜在损害主要是强水锁、速敏和碱敏（表 5-3）。

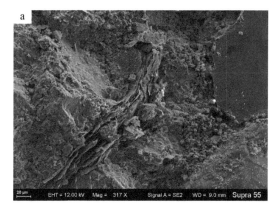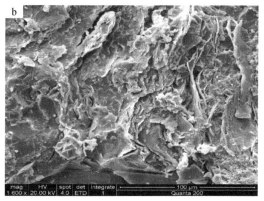

图 5-9　大民屯凹陷沈检 5 井碎屑岩储层伊利石扫描电镜下特征

a. 弯片状伊利石充填粒间孔，1884.44 m；b. 弯片状伊利石充填粒间孔，1907.80 m

从沈检 5 井黏土矿物垂向分布特征来看，自上而下从 S_3^3 Ⅲ 至 S_3^4 Ⅱ 油层组各类黏土矿物含量随深度增加并无明显变化特征，但是伊蒙混层含量和高岭石含量随深度变化有较强的相关性，呈明显的"此消彼长"趋势（图 5-10）。对沈检 5 井、沈检 3 井及沈检 1 井 3 口取心井的伊蒙混层含量和高岭石含量作相关性分析，得到相关系数 R^2 在 0.5448～0.8675，两者负相关性较好（图 5-11），这在一定程度上说明此时成岩体系较为封闭，体系中由长石溶解产生的 Na^+ 和 K^+ 可能是控制伊蒙混层和高岭石形成的主要因素（耿一凯等，2016）。

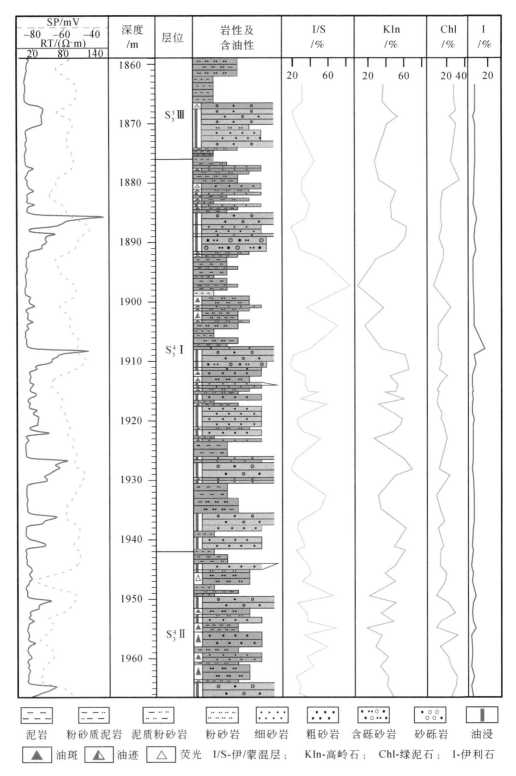

图 5-10　沈检 5 井 $S_3^4 Ⅱ$、$S_3^4 Ⅰ$ 和 $S_3^3 Ⅲ$ 油层组岩性柱状图及黏土矿物含量垂向分布

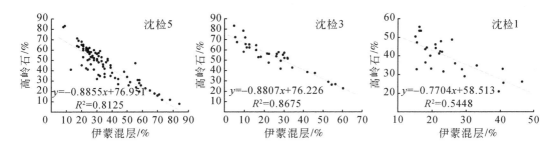

图 5-11　沈检 5、沈检 3 和沈检 1 井目的层高岭石与伊蒙混层含量关系交叉图

钠长石、钾长石在有机酸或大气水的作用下均可通过溶解蚀变形成高岭石，由于热力学因素的影响在浅埋深早成岩—中成岩初期阶段中以钠长石溶解为主，这也是研究区储层中高岭石的主要来源，同时也可解释高岭石在黏土矿物中占比最高。另外，伊利石是中晚期成岩作用下的产物（埋藏深、温度高），结合研究区成岩矿物组合，推测其形成途径主要是蒙皂石的转换。在有足量的 K^+ 提供时，该反应为低能自发反应，起始温度在 60℃ 左右，上限为 120℃。蒙皂石向伊利石转化的过程中，释放出大量的 Na^+、Ca^{2+}、Mg^{2+}、Fe_2O_3 和 SiO_2，其中，释放出的 Na^+ 会对钠长石的溶解反应产生缓冲，造成局部层位钠长石溶蚀程度较低，相应地，自生高岭石含量减少（Chuhan et al., 2000；黄思静等，2004）。

5.3　成岩作用类型

沉积物沉积之后，接着被后继沉积物覆盖，与原来的介质逐渐隔绝，进入新的环境，并开始向沉积岩转化，在此过程中，要经受一系列的变化，而且在沉积物变成沉积岩之后，也要遭受长期的改造作用，这种改造一直要继续到变质作用和风化作用之前。其所经历的整个地质时期称为沉积后作用期，这期内沉积物（岩）在物质成分、结构、构造以及物理和化学性质等方面发生变化的种种作用，统称为沉积后作用或广义的成岩作用。而我们通常所说的成岩作用指的是狭义的成岩作用，即沉积物沉积之后至固结成岩阶段或低级变质之前，在其表面或内部所发生的一切作用（林春明，2019）。成岩作用的研究已发展为地质学的一门新兴分支学科，加强这方面的研究，不仅具有理论意义，而且有助于了解影响储层孔隙和物性的因素，预测可能的次生孔隙类型及其发育程度，从而更好地为油气评价奠定基础，因此，成岩作用的分析是必不可少的。

沉积物或沉积岩的成岩作用类型主要有压实和压溶作用、胶结作用、交代作用、重结晶作用和矿物的多形转变等，这些作用都是互相联系和相互影响的，其综合效应影响和控制着沉积物（岩）的发育演化历史（林春明，2019）。本次研究通过薄片、铸体薄片、扫描电镜、电子探针观察和对前人资料的分析整理等，并结合成岩作用理论对大民屯凹陷沈 84—安 12 区块碎屑岩储层成岩作用进行了分析，从而为确定有利储层奠定了良好基础（林春明等，2019a；Huang et al., 2021）。

大民屯凹陷沈 84—安 12 区块碎屑岩储层成岩作用主要发育破坏孔隙的压实作用和胶结作用，溶解、溶蚀、交代作用等增加孔隙的成岩作用次之。通过薄片、扫描电镜观察及已有资料分析可知，该区压实作用强烈，颗粒排列紧密，孔隙度、渗透率较小，大多数原生孔隙已被充填。溶解、溶蚀、交代作用发育相对较差，因此，储层孔隙的演化是以孔隙的损失为主要特点，主要表现为特低孔特低渗的基本特征，但在局部层位，局部地区有相对孔隙增加的特点，从而形成相对有利的储层。

大民屯凹陷沈84—安12区块碎屑岩储层经历的成岩作用类型较多，根据各种成岩作用对储层储集性能的影响，将成岩作用可分为三大类型：第一类是破坏孔渗性的成岩作用，如压实作用和胶结作用；第二类为改善孔渗性的成岩作用，如溶蚀作用；第三类为对孔渗性影响不大的成岩作用，如交代作用。其中，对储层物性影响较大的是压实作用、胶结作用和溶蚀作用。研究区沙三段储层普遍埋藏不深，中等偏弱的压实作用造成原生孔隙的数量有一定程度的减少；胶结作用以自生黏土矿物胶结和碳酸盐胶结为主；溶蚀作用提供了一定比例的次生孔隙。因此，储层孔隙的演化是以原生孔隙为主，同时局部层位次生溶蚀孔隙发育有利于增大孔隙度和渗透率，从而形成相对有利的储层。本书着重对研究区储层的压实作用、胶结作用、交代作用和溶蚀作用四种主要成岩作用类型进行分析，具体特征如下。

5.3.1　压实和压溶作用

沉积物沉积后，在其上覆水体和沉积物不断加厚的重荷压力下，或在构造应力的作用下，发生水分排出、体积缩小、孔隙度降低、渗透率变差的作用称为压实作用。在沉积物内部可以发生颗粒的滑动、转动、位移、变形、破裂，进而导致颗粒的重新排列和某些结构构造的改变。机械压实意味着沉积物孔隙度和潜在孔隙不可逆消除，压实作用通常表现出如下一些特点（林春明等，2011；张霞等，2012；Zhang et al.，2012）：①压实作用使碎屑颗粒从游离状态向紧密堆积状态转化，呈现出定向排列现象；②石英、长石、部分岩屑等刚性颗粒发生脆性破裂与破碎；③云母、千枚岩等塑性颗粒挤压变形，或刚性颗粒嵌入塑性颗粒中；④碎屑颗粒之间呈线接触、凹凸接触，甚至呈缝合线接触；⑤黏土质岩屑、云母等塑性颗粒受挤压变形，位于其他碎屑之间，并像杂基一样充填于颗粒之间。影响压实作用的因素主要是负荷力的大小（与埋深有关），其次为沉积物的成分、粒度、形状、圆度、粗糙度、分选性等。此外，沉积物介质的性质、温度和压实的时间等也有影响。沉积物随埋藏深度的增加，当上覆地层压力或构造应力超过孔隙水所承受的静水压力时，会引起沉积物颗粒接触点上晶格变形或溶解，这种局部溶解称为压溶作用。总的来说，压溶作用与压实作用是同一物理-化学作用的两个不同阶段，它们是连续进行的，只不过压实作用主要由物理因素（机械压实）引起；压溶作用的主导因素是机械作用（上覆岩层压力、构造应力等），在压溶作用的过程中，流体参与了溶解物质的搬运，化学反应起到了一定的作用。压溶作用过程中，一直都有压实作用的伴随（林春明，2019）。

通常情况下，细砂岩比粗砂岩压溶作用进行得更快，而且形成的埋深较大，多大于3000 m。研究区沙河街组沙三段地层整体埋深较浅，均小于2500 m，因此，压溶作用不太强烈。颗粒间接触关系可见点接触-点线接触-线接触-凹凸接触，以点-线接触为主（图5-12a）。

　　影响碎屑岩压实作用主要有颗粒成分、粒度分选、磨圆度、埋深及地层压力等。沉积物经压实作用后，会发生许多变化。研究区压实作用主要表现在：①刚性颗粒发生脆性变形（图5-12b）；②颗粒之间呈线接触、凹凸接触（图5-12c）；③岩石碎屑颗粒呈明显的定向排列；④云母、千枚岩等塑性颗粒挤压变形或石英或长石等刚性颗粒嵌入变形颗粒中（图5-12d）。$S_3^4 II$、$S_3^4 I$ 和 $S_3^3 III$ 三个油层组经历的压实作用不强，颗粒之间以点-线接触为主，是研究区砂岩储层经历的最为普遍的一种成岩作用，也是导致储层原生孔隙减少的主要因素之一。

图 5-12　大民屯凹陷沈检 5 井沙三段储层压实作用的典型特征
a. 颗粒间的点-线接触，1877.36 m，（+）；b. 岩浆岩岩屑刚性破碎，1869.21 m，（+）；
c. 颗粒间凹凸接触，1878.06 m，（+）；d. 云母被挤压弯曲变形，具定向性，1872.83 m，（+）

5.3.2　胶结作用

　　胶结作用是指松散的沉积颗粒，被化学沉淀物质或其他物质充填连接的作用，其结果使沉积物变为坚固的岩石（林春明，2019）。胶结作用是沉积物转变成沉积岩的重要作用，也是使沉积层中孔隙度和渗透率降低的主要原因之一。胶结作用可以发生在成岩作用的各个时期。

　　胶结物是指从孔隙溶液中沉淀出来的矿物质，种类多样，主要有碳酸盐、硅酸盐、硫酸盐等，其他较常见的胶结物有氧化铁、黄铁矿、白铁矿、萤石、沸石等。此外，黏土矿物作为胶结物在陆源碎屑岩中也有广泛的分布，也是碎屑岩中常见的胶结物类型。胶结物的形成具有世代性，后来的胶结物可以在先前的胶结物基础上生长，也可取代早期胶结物而生长。胶结物在生长时，既可以在同成分的底质上形成，也可以在不同的底质上沉淀。胶结物结晶的大小与晶体生长速度以及底质的性质有关。一般来说，小晶体生长速度快，大晶体生长速度慢。孔隙胶结物的结构特征是紧靠底质处的晶体小而数量多，具有长轴垂直底质表面的优选方位；远离底质向孔隙中心，晶体大，数量少。如果有两种以上的胶结物，靠近底质的形成早，在孔隙中心的形成晚，依次可形成若干个世代的胶结物（林春明，2019）。根据孔隙溶液中沉淀出的胶结物类型可以把胶结作用分为钙质胶结、硅质胶结、泥质（黏土矿物）胶结、铁质（如赤铁矿、黄铁矿和白铁矿）胶结以及硫酸盐（如石膏和硬石膏、重晶石）胶结等多种类型，以前三者为主。

胶结物的形成具有世代性，后来的胶结物可以在先前的胶结物基础上生长，也可取代早期胶结物而生长。后沉淀的胶结物可取代早期的胶结物，两者也都可被溶解或部分溶解，形成次生孔隙。它主要包括碳酸盐胶结、硅质胶结、黏土矿物的胶结和沸石类胶结等。

沈84—安12区块沙三段 $S_3^4 II$、$S_3^4 I$ 和 $S_3^3 III$ 三个油层组储层的胶结作用主要发生在成岩作用的中后期，是储层的主要成岩作用之一，也是导致储层物性变差的主要因素之一。研究区沙三段砂岩储层中胶结作用普遍，胶结物类型多样，以自生黏土胶结物（高岭石、伊蒙混层、绿泥石、伊利石等）和碳酸盐胶结物（方解石、含铁方解石、铁白云石、菱铁矿）为主，硅质胶结物（石英次生加大及自生石英）和铁质胶结物次之，此外，可见到极少量硫酸盐胶结物（硬石膏）。

1. 自生黏土矿物

黏土矿物是砂岩中一种较重要的填隙物，常见的黏土矿物有伊利石、高岭石、绿泥石、蒙脱石等，它们有自生和他生两种。他生的黏土矿物系来源于源区的母岩风化产物，是在搬运介质中或者在沉积环境中由胶体溶液的凝聚作用与碎屑物同时沉积下来的。自生的黏土矿物来源于孔隙中沉淀生成或再生的黏土矿物，自生的黏土矿物才是真正的胶结物，但数量上比前者要少（林春明，2019）。黏土矿物在储层中主要表现为可塑性，容易压实变形并充填到孔隙当中损害储层物性。

储层中的自生黏土矿物在上一节黏土矿物分析中已经作了阐述，从黏土矿物含量、分布状态来看，成岩期最为发育的、对储层物性影响较大的自生黏土矿物是高岭石和伊蒙混层。高岭石单晶呈假六方鳞片状，集合体多呈书页状，少部分呈蠕虫状，多充填粒间孔或分布在颗粒表面；伊蒙混层有序度低，以半蜂窝状结构为主，多分布于碎屑颗粒的表面。

2. 碳酸盐胶结物

碳酸盐胶结物包括方解石、铁方解石、白云石、铁白云石、菱铁矿、菱镁矿、文石、高镁方解石等。其中分布最广和最常见的是方解石、白云石，以及（含）铁方解石、

（含）铁白云石等，而文石及高镁方解石只在现代砂岩中发现（林春明，2019）。

研究区储层中碳酸盐胶结物有含铁方解石、铁白云石和菱铁矿 3 种，根据 86 个电子探针微量分析（electron probe microanalysis，EPMA）数据，绘制了 $CaCO_3$、$MgCO_3$、$FeCO_3$、$MnCO_3$ 和 $SrCO_3$ 摩尔分数（%）分析图（图 5-13），结果表明，沙三段碎屑岩储层碳酸盐胶结物主要由方解石和铁白云石组成，菱铁矿含量较少，仅在部分层位出现。EPMA 显示铁元素组成均匀，$FeCO_3$ 摩尔分数变化范围为 0.62%~5.19%，平均为 2.78%。综合偏光显微镜、阴极发光和扫描电镜分析表明，碳酸盐胶结物经历了早期方解石（Cal Ⅰ）、晚期方解石（Cal Ⅱ）和铁白云石三个演化阶段。

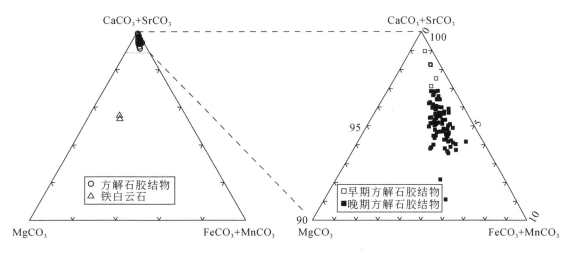

图 5-13 大民屯凹陷沈检 5 井沙三段储层碳酸盐胶结物的化学组成（Huang et al.，2021）

早期方解石胶结物以孤立、分散、充填孔隙的微晶斑块以及包裹颗粒的薄层为主，平均含量为 1.9%，阴极发光呈亮橙色（图 5-14a），表明早期方解石胶结物形成时期较早，是在相对埋藏较浅的同生成岩作用或在强烈压实发生之前沉淀的；电子探针数据表明，早期方解石胶结物的 $FeCO_3$ 摩尔分数一般在 2.00% 以下，变化范围为 0.62%~1.79%，平均为 1.27%（图 5-13）。晚期方解石胶结物以块状和嵌晶形式出现，由于铁含量的增加，其发光呈暗棕红色（图 5-14a、b），常常充填原生粒间孔隙和次生溶蚀孔隙，部分交代碎屑颗粒（图 5-14c~e；Salem et al.，1998），表明晚期方解石胶结物的形成要晚于碎屑颗粒的溶解；晚期方解石胶结物的 $FeCO_3$ 摩尔分数变化范围为 1.76%~5.19%，平均为 2.87%（图 5-13）。第三期次碳酸盐胶结物为铁白云石（$FeCO_3$ 平均摩尔分数为 13.83%，$MgCO_3$ 平均摩尔分数为 30.62%），通常以自形菱形晶体形式出现，交代晚期方解石胶结物和云母（图 5-14f~h）。能谱分析结果显示单独的铁白云石菱形体胶结物的主要成分为 C、Ca、Mg 和 Fe，其质量分数和的平均值超过 90%，如沈检 5 井 1938.24 m 深的 S_3^4 Ⅰ 油层组储层铁白云石菱形体胶结物能谱分析结果为 CO_2(73.02%)、CaO(14.97%)、MgO(4.78%) 和 FeO(5.21%)，以及少量的 MnO(1.00%)、SiO_2(0.78%)、Al_2O_3(0.24%)（图 5-15）。

图 5-14 大民屯凹陷沈检 5 井沙三段砂岩和砾岩中自生碳酸盐胶结物（Huang et al., 2021）

a. 早、晚两期方解石胶结物的阴极发光图像, 1885.87 m; b. 晚期嵌晶方解石胶结物充填原生粒间孔, 1971.70 m, （+）; c. 晚期方解石胶结物充填孔隙, 部分交代斜长石颗粒, 1866.86 m, （+）; d. 晚期方解石充填斜长石的溶蚀孔隙, 1927.73 m, （+）; e. 晚期镶连晶方解石胶结物表面发育自生伊蒙混层, 1866.86 m, 扫描电镜; f. 铁白云石以自形菱形晶体的形式发育, 期次早于自生高岭石和伊蒙混层, 2002.59 m, 扫描电镜; g. 铁白云石（染成蓝色）延展交代黑云母, 1900.87 m, （+）; h. 晚期铁方解石充填粒间孔隙, 部分被铁白云石交代, 1971.70 m, 电子探针背散射。Q. 石英; Cal Ⅰ. 早期方解石胶结物; Cal Ⅱ. 晚期方解石胶结物; RF. 岩屑; Pl. 斜长石; Fe-Dol. 铁白云石; Kln. 高岭石; Bit. 黑云母; I/S. 伊蒙混层

 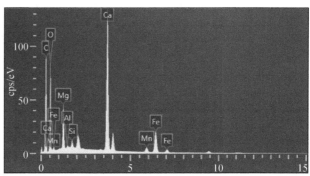

图 5-15 大民屯凹陷沈检 5 井沙三段 S_3^4 I 油层组储层铁白云石菱形体胶结物特征

扫描电镜下铁白云石菱形体胶结物，黄色+号为能谱打点位置，右图为菱形铁白云石的能谱图

值得注意的是，水下分流河道沉积微相的砾岩和砂岩储层与分流间湾沉积微相的泥岩或粉砂岩界面，即砂泥界面处普遍存在晚期方解石胶结物（图 5-16），平均摩尔分数为10.9%。由于钙质胶结层发育处地层孔隙度和渗透率较低，在测井曲线上很容易识别。例如，测井曲线通常表现为声波时差低值，电阻率高值，但深浅侧向电阻率差异小等特点。砂泥界面处碳酸盐富集区域的碳酸盐胶结物厚度一般在 0.6~1.5 m，相比于水下分流河道单一砂体内部，储层物性明显下降（图 5-16）。由于研究区水下分流河道砂体大型侧积交错层理不发育，碳酸盐胶结层对砂体间连通影响小，仅在水下分流河道砂体顶面砂泥接触位置出现，其展布受河道宽度控制，但该分布特征对储层物性有一定程度的影响（钟大康等，2004；漆滨汶等，2006，2007；Huang et al.，2021）。

碳酸盐胶结物的来源和形成时间可以根据碳、氧同位素值（$\delta^{13}C$ 和 $\delta^{18}O$）来确定（Irwin et al.，1977；Morad，1998）。研究区砂岩中方解石胶结物的 $\delta^{13}C$ 值（-14.30‰ ~ -2.64‰）低于互层泥岩中方解石胶结物的 $\delta^{13}C$ 值，表明其成因略有不同（表 5-4；关平，1989）。泥岩成岩方解石 $\delta^{13}C$ 值的正偏移可能表明碳酸盐胶结物与细菌发酵有关，在近地表、浅埋藏、温度为 19.5~27.3℃ 的成岩条件下产生 HCO_3^- [（表 5-4）Irwin et al.，1977；Guan et al.，1992；Ma et al.，2017]。然而，砂岩中的方解石胶结物的低 $\delta^{13}C$ 值和沉淀温度较高（57.9~78.4℃；表 5-4）表明，碳来自深埋藏成岩条件下互层泥岩中的有机质脱羧作用（Surdam et al.，1989）。此外，泥岩和砂岩中常量元素含量的显著变化可以为 Ca^{2+} 的来源提供证据。CaO 质量分数最大值出现在砂泥岩界面，变化范围为 4.47% ~ 16.38%，平均为 10.24%，而在砂体内部 CaO 质量分数变化范围为 0.27% ~ 1.77%，平均为 0.63%（图 5-16），在泥岩中 CaO 质量分数在 0.78% ~ 11.85%，平均为 4.63%（Li et al.，2019），这意味着 Ca^{2+} 可能从泥岩向砾岩和砂岩迁移（Yang et al.，2018）。泥岩中的 CaO 是由有机质热成熟过程中钙质颗粒（如碳酸盐、钙长石和生物碎屑）被有机酸和 CO_2 溶解而产生的。此外，砂岩中钙质颗粒，如钙长石、碳酸盐碎屑和生物碎屑的溶解，以及蒙皂石的伊利石化，也可以为碳酸盐胶结物提供 Ca^{2+}（Hoffman and Hower，1979），然而，由于研究区砂岩和砾岩中基性斜长石、碳酸盐生物碎屑和早期方解石胶结物含量较低，蒙皂石的伊利石化程度较低，这些来源所占比例较小。因此，出现在砂岩和泥岩界面的晚期方解石胶

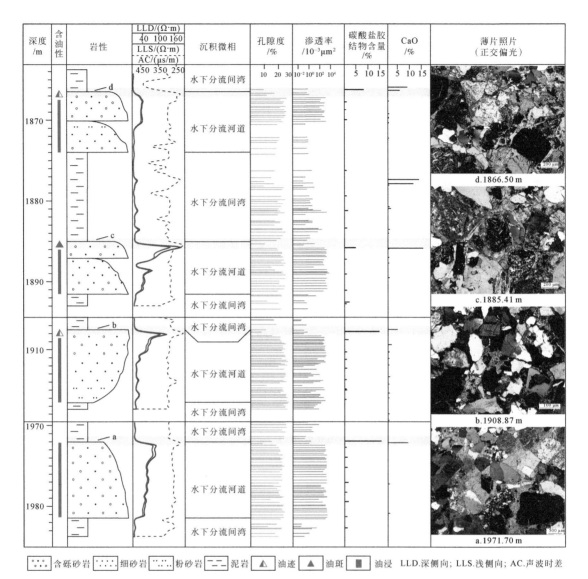

图 5-16　大民屯凹陷沈检 5 井沙三段碳酸盐胶结隔夹层与储层物性关系（Huang et al.，2021）

结物主要是外部成因（Milliken and Land，1993；漆滨汶等，2006；Dutton，2008；Liu et al.，2018）。

表 5-4　大民屯凹陷沙三段成岩方解石碳氧同位素组成（关平，1989，沉淀温度按新公式做了修改）

钻井	深度/m	岩性	$\delta^{13}C/‰$	$\delta^{18}O/‰$	温度/℃
S111	1286.0	泥岩	7.88	−11.25	22.1
S80	1581.5	泥岩	7.18	−10.69	19.5
S80	1757.0	泥岩	7.29	−10.94	20.6
S80	1856.5	泥岩	2.83	−12.35	27.3

续表

钻井	深度/m	岩性	$\delta^{13}C/‰$	$\delta^{18}O/‰$	温度/℃
S80	1855.3	砂岩	−13.37	−16.88	57.9
S110	1872.0	砂岩	−3.41	−18.35	66.9
S110	2060.0	砂岩	−2.64	−17.89	78.4
H1	2330.0	砂岩	−14.30	−17.20	73.9

注：计算方解石胶结物沉淀温度的公式为 $T=16.9-4.38(\delta_c-\delta_w)+0.1(\delta_c-\delta_w)^2$（Shackleton，1974），$\delta_c$ 为测得的方解石的 $\delta^{18}O$ 值，$(\delta_c-\delta_w)$ 是方解石和地层水 $\delta^{18}O$ 的实测差值，对于泥岩中方解石的沉淀温度计算，δ_w 选择来自研究区地下水样品的值（$\delta^{18}O_{H_2O}$，SMOW）=−10.1‰，砂岩中的计算采用来自不同深度地层水样品的 δ_w 值（−6.7‰和−8.95‰，SMOW）。

砂泥岩界面附近的碳酸盐胶结作用对油气储集性质具有重要意义（钟大康等，2004；漆滨汶等，2006）。研究区沙河街组沙三段的强压实作用以及泥岩中有机酸释放和黏土矿物脱水造成的超压，为含大量 Ca^{2+}、Mg^{2+} 和 Fe^{2+} 的酸性流体向邻近砂岩运移提供了适宜的条件（图5-17a）。由于泥岩中的碳酸盐矿物不足以与热演化产生的所有有机酸反应，从泥岩向邻近的砂岩移动的酸性流体中仍含有大量的 CO_3^{2-}，这导致了砂岩中长石的溶蚀，之后，剩余的有机酸被缓冲和中和，流体环境为后期碳酸盐胶结物的沉淀提供了合适的条件（Milliken and Land，1993；Dutton，2008；图5-17b）。因此，晚期碳酸盐胶结物充填长石溶蚀孔以及交代砂岩−泥岩界面处的长石和石英是常见现象（图5-14c、d）。随着流体不断渗入到砂体，$CaCO_3$ 的过饱和度不断降低，砂体中心晚期方解石的沉淀速度、体积和含量也不断降低（图5-17c；Bjørlykke，1998；Thyne，2001）。

3. 硅质胶结物

硅质胶结物主要成分为二氧化硅，是砂岩中主要的胶结物类型，它可以呈非晶质和晶质两种矿物形态出现于碎屑岩中。非晶质二氧化硅胶结物为蛋白石，晶质二氧化硅胶结物有玉髓和自生石英等。自生石英是碎屑岩中最常见的硅质胶结物，主要以增生型和沉淀型两种方式胶结（林春明，2019）。增生型胶结以碎屑石英周围发育次生加大边出现为特征，又称石英次生加大边型胶结，胶结物是在同成分的碎屑石英底质上生长出来的，与碎屑石英底质有"亲缘关系"。沉淀型胶结与增生型胶结不同，胶结物来自溶解的二氧化硅溶液重新沉淀，不是在碎屑石英底质上生长出来的，与碎屑石英底质亲缘关系较差（林春明，2019）。

研究区储层中硅质胶结物也是主要以增生型（图5-18a~d）和沉淀型（图5-18e~h）两种方式胶结，增生型（石英次生加大边型）胶结最为常见，碎屑石英在沉积时边部往往有氧化铁、黏土等分布，发生加大后这些物质仍可以以杂质形式保留下来，从而在碎屑石英和其加大边之间形成一条"尘线"，据此可把两者区分开来（图5-18a）。次生加大石英胶结物呈微细粒状沉淀在孔隙中，或沉淀在颗粒表面，常与绿泥石、高岭石等黏土矿物共生（图5-18b），或与碎屑石英底质呈共轴生长（图5-18d）。石英加大作为碎屑岩中最主要的二氧化硅胶结类型，它的形成是在碎屑石英颗粒上以雏晶的形式开始的，加大边一般小于 10 μm，划分为 I 阶段；然后逐渐发育成具有较大晶面的小晶体，加大边 10~20 μm，

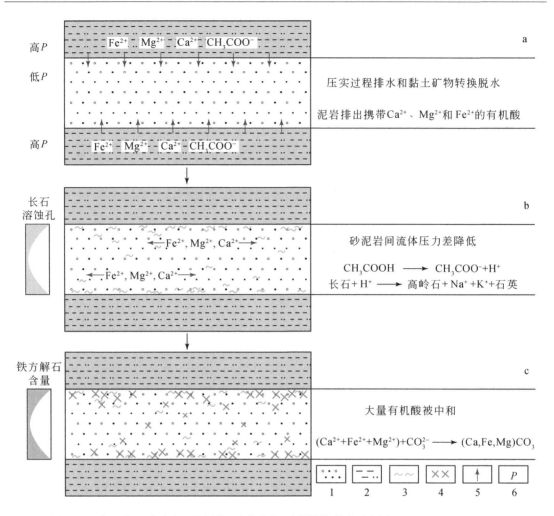

图 5-17　大民屯凹陷砂岩–泥岩界面晚期方解石胶结物形成示意图（Huang et al., 2021）

1. 砾岩和砂岩；2. 泥岩；3. 长石溶蚀；4. 铁方解石胶结物；5. 流体运移方向；6. 流体压力

划分为Ⅱ阶段；最后使碎屑石英边缘恢复其规则的几何多面体形态，加大边大于 20 μm，划分为Ⅲ阶段（图 5-18a～d）。沉淀型胶结的石英亦是如此（图 5-18e～h）。

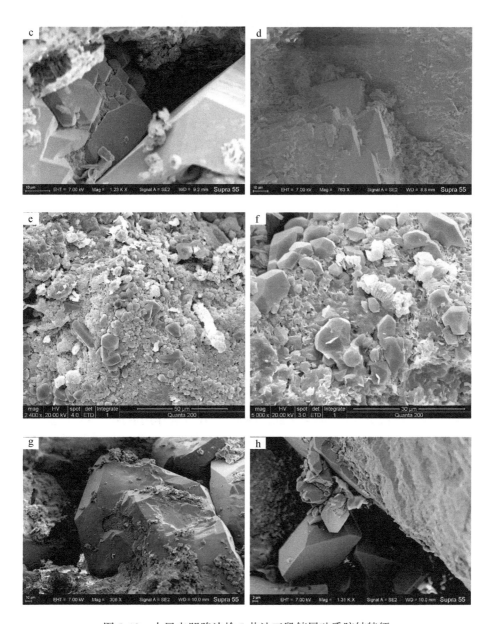

图 5-18　大民屯凹陷沈检 5 井沙三段储层硅质胶结特征

a. 石英次生加大，1886.61 m，Ⅲ阶段，（+）；b. 石英次生加大，1886.61 m，Ⅱ阶段，扫描电镜；c. 石英次生加大，1782.85 m，Ⅰ阶段，扫描电镜；d. 石英次生加大，1909.39 m，Ⅱ阶段，扫描电镜；e. 沉淀型自生石英锥晶及小晶体，1783.55 m；f. 沉淀型自生石英锥晶及小晶体与绿泥石、高岭石等黏土矿物共生，1883.44 m，扫描电镜；g. 沉淀型自生石英多面体，1782.82 m，扫描电镜；h. 沉淀型自生石英小晶体，晶形较完好，1927.73 m

4. 铁质胶结物

赤铁矿、黄铁矿、磁铁矿和白铁矿等铁质胶结物是砂岩中的主要胶结物之一，可以同黏土矿物混合起到胶结作用。

　　黄铁矿（pyrite）的化学成分为 FeS_2，是地壳中分布最广的一种硫化物矿物，成分相同而属于正交（斜方）晶系的称为白铁矿。黄铁矿晶体形态多样，有四面体、八面体、立方体等，晶面数目多，形状复杂。黄铁矿在火山岩、热液矿床和沉积岩中都有发育，有多种形成机制。模拟实验表明，单硫化铁和元素硫在中性和碱性的条件下形成草莓状黄铁矿。所以，草莓状黄铁矿有多种形成机制，不同成因的草莓状黄铁矿地质意义也有差异（林春明，2019）。

　　沉积物中的草莓状黄铁矿往往被认为与有机质（微生物）有关，既可形成于海洋水体下部的氧化还原界面处，又可以形成于细碎屑岩孔隙流体中。Fe^{2+} 和 SO_4^{2-} 的浓度、含氧量、有机碳含量、生长时间和硫酸盐还原菌（SRB）等均是黄铁矿莓状体形成的制约因素，其中含氧量至关重要，在完全缺氧的环境中草莓状黄铁矿的生长会受到抑制甚至停止。因此，以往认为沉积岩中的黄铁矿是强还原介质条件下的产物并不准确，只能指示黄铁矿形成于少氧或贫氧环境中（李洪星等，2009）。如江苏南通海门ZK02 孔（林春明和张霞，2018），于 96.9 m 深的河床粉砂沉积中就有黄铁矿胶结物以集合体形式分布在松散沉积物质中，单偏光镜下呈黑色颗粒状或团块状，扫描电镜下可以看到同深度的黄铁矿胶结物以草莓状出现，并与菱铁矿（$FeCO_3$）共生（林春明，2019）。

　　沉积岩中自生黄铁矿胶结物可以形成于成岩作用的各个阶段，在氧化环境下黄铁矿也会被氧化为磁铁矿（Fe_3O_4），氧化作用比较强的条件下，黄铁矿可被氧化成赤铁矿；也有实验研究认为，在贫氧环境下，黄铁矿与含铁的有机配位体混合后，经一段时间反应，黄铁矿部分被交代成磁铁矿（Brothers et al.，1996）；在成岩作用后期，黄铁矿被磁铁矿交代（Reynolds，1990；Suk et al.，1990），如四川盆地长宁地区下志留统龙马溪组黑色页岩中存在黄铁矿在有机质热成熟的条件下被氧化成磁铁矿（Zhang et al.，2016）。所以黄铁矿胶结物常常与磁铁矿胶结物共生。

　　研究区铁质胶结作用在沙三段储层中也较为普遍，主要是黄铁矿胶结物，如沈检 5 井 $S_3^4 II$、$S_3^4 I$ 和 $S_3^3 I II$ 油层组样品在扫描电镜下均观察到草莓状黄铁矿，为浅埋藏期还原条件下形成。根据其分布状态又可分为草莓状（图 5-19a～e）、球状团簇（图 5-19f，图中黄色+号为能谱打点位置）和分散状（林春明，2019）形态，可见其八面体或五角十二面体单晶。草莓状黄铁矿常与自生石英共生（图 5-19a、b），草莓体直径一般在 10～20 μm，单个八面体或五角十二面体晶体直径多在 0.3～0.5 μm，由数百至数万个等大小、同形态晶体组成。草莓状黄铁矿晶体排列形式多样，有的排列紧凑（图 5-19a～c），有的则相对松散（图 5-19d、e，图 5-19e 中黄色+号为能谱打点位置），但不同于星点状黄铁矿（林春明，2019）。能谱分析结果显示晶体的主要成分为 S 和 Fe，其质量分数和的平均值超过90%，如沈检 5 井 1866.86 m 深的草莓状黄铁矿能谱分析结果为 SO_3(29.26%)、FeO(18.22%)、CO_2(40.05%)，以及少量的 SiO_2(4.89%)、Al_2O_3(3.01%)、CaO(2.27%)、TiO_2(1.66%) 和 MgO(0.64%)（图 5-19g）；沈检 5 井 1993.16 m 深的球状团簇黄铁矿能谱分析结果为 SO_3(48.14%)、FeO(23.31%)、CO_2(28.21%)，以及少量的 SiO_2(0.27%) 和 Al_2O_3(0.07%)（图 5-19h）。

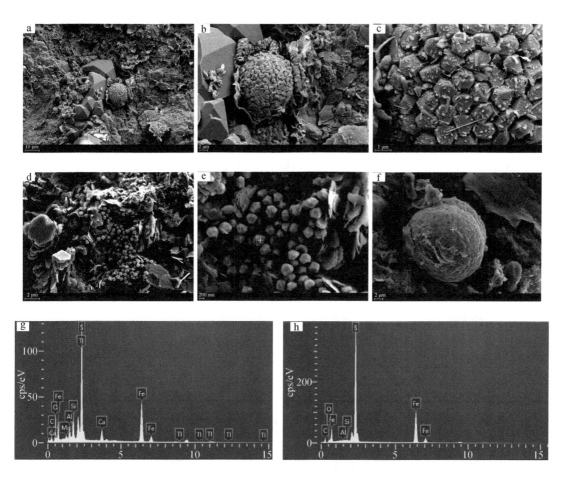

图 5-19　大民屯凹陷沈检 5 井沙三段砂岩扫描电镜下自生黄铁矿的胶结作用及能谱图

a. 草莓状黄铁矿，1884.44 m；b. a 图放大，草莓体直径 10 μm；c. 晶体等大小、同形态、紧凑排列；d. 草莓状黄铁矿，1866.86 m；e. d 图放大，单个晶体 200 nm；f. 球状团簇黄铁矿，1993.16 m；g. e 图草莓状黄铁矿能谱图；h. f 图球状团簇黄铁矿能谱图

草莓状黄铁矿是孔隙流体中 SO_4^{2-} 被还原的产物和 Fe^{2+} 结合的产物，常形成于正常湖、静水和淡水环境，与供给沉积物的有机质的硫酸盐还原作用（BSR）有关，形成后其形状、大小和结构都较稳定，甚至不随矿物相变化而变化（李洪星等，2012）。结合研究区区域背景分析，自生草莓状黄铁矿零星分布，为沉积水柱中或浅埋藏期弱还原-弱氧化条件下形成，表明沉积水体较浅，但没有暴露氧化，零星自生黄铁矿的出现也可作为研究区一项相标志，指示浅水扇三角洲前缘环境。

5. 硫酸盐胶结物

碎屑岩中最常见的硫酸盐胶结物是石膏和硬石膏，此外还有重晶石和天青石。石膏和硬石膏常呈连晶状充填孔隙中，也可交代其他矿物产出，可形成于沉积期与成岩作用的各个阶段。形成于沉积期和早成岩期的硫酸盐胶结物往往与强烈蒸发作用有关，形成于晚成岩期的往往与早期石膏的溶解和再沉淀作用有关。地层水与沉积物相互反应或不同地层水的混合也可析出石膏与硬石膏。膏盐岩层的分布影响硬石膏胶结的分布，垂向上，硬石膏胶结主要分布在膏盐岩及含膏黏土岩邻近的砂岩等储集层中，距离越远，硬石膏含量越低；平面上，硬石膏胶结主要分布在膏盐岩层沉积边缘、与砂体呈指状交互的区域（林春明，2019）。砂岩中亦常可见到少量重晶石，个别情况下为重晶石–天青石。它们常呈晶粒状、板条状或连晶斑块充填在孔隙中或交代其他碎屑颗粒（林培贤等，2017），形成重晶石所需要的钡离子可以由钾长石高岭石化和溶蚀过程提供。

　　研究区目的层的部分层位中发现硬石膏胶结物，以条形晶体形式出现，根据其与碳酸盐胶结物的接触关系，推测其形成于早期碳酸盐胶结之后，晚期碳酸盐胶结之前，在显微镜下可见到晚期方解石矿物（Cal Ⅱ）对硬石膏的交代（图5-20a）。此外，硬石膏常常交代碎屑颗粒中的不稳定组分，如硅质岩屑（图5-20b、c）、长石（图5-20d）等。硬石膏的出现在一定程度上也反映了当时的沉积环境，沉积盆地水体较浅，湖平面动荡，与浅水型扇三角洲沉积模式相吻合（关平等，2006）。

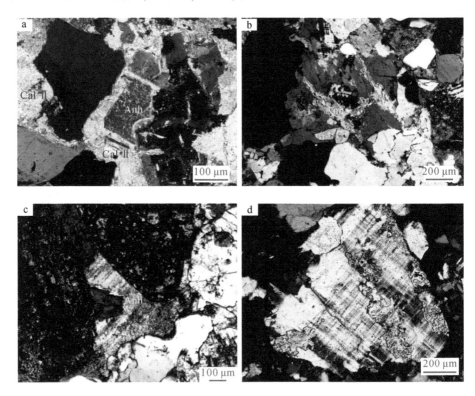

图 5-20　大民屯凹陷沈检 5 井沙河街组沙三段碎屑岩储层中硫酸盐胶结作用
a. 硬石膏（Anh）充填原生粒间孔，部分被晚期方解石（Cal Ⅱ）交代，1885.87 m，（+）；
b、c. 硬石膏交代硅质岩屑，1885.87 m，（+）；d. 硬石膏交代钾长石，1927.73 m，（+）

5.3.3　溶蚀作用

　　沉积物（岩）中的任何碎屑颗粒、杂基、胶结物等，在一定成岩环境中都可以不同程度地发生溶解、物质成分的迁移，称作溶蚀作用。它与压溶作用不同，溶蚀作用的主导因素是化学作用，机械作用的影响可以忽略不计，即没有体现出压溶作用中"压力"等机械作用的影响（林春明，2019）。溶蚀作用发生过程中，被溶解的碎屑颗粒主要是石英、长石、云母和岩石碎屑等，胶结物中主要溶解对象是碳酸盐矿物，其次是黏土矿物。石英和长石溶蚀在整个埋藏过程中均可发生，只是溶解程度不同。一般溶蚀现象主要分布在中深层碎屑岩中，有的石英、长石颗粒普遍被溶蚀且很强烈，被溶的石英、长石边缘往往呈不规则的港湾状或锯齿状、颗粒内部呈麻点状或蜂窝状，溶蚀严重的呈残核状或铸模孔。若沉积盆地介质发生改变，如由弱酸性转为碱性，那么在弱酸性介质条件下形成的自生石英，就容易被溶蚀，溶蚀的孔隙又会被自生绿泥石充填。从自生英与自生绿泥石接触关系可以看到，自生石英形成早，自生绿泥石形成晚（林春明，2019）。

　　研究区沙三段储层溶蚀作用发育一般，但它仍是砂岩储层次生孔隙的产生、改善微观孔喉结构的主导因素。从被溶蚀的对象可分为骨架颗粒（长石、岩屑）粒内溶蚀和颗粒全部溶蚀（铸模孔）、胶结物（方解石、铁方解石）晶内和晶间溶蚀以及泥质和隐微晶硅质杂基溶蚀三种类型。从溶蚀介质的化学性质可分为酸性溶蚀和碱性溶蚀两类，前者主要对象为碳酸盐胶结物和长石，后者主要对象为硅质岩屑和隐晶硅质杂基等。溶蚀作用形成了粒间溶孔、粒内孔、晶间溶孔、杂基溶孔、铸模孔以及沿颗粒的溶蚀缝等，改善了微观的孔喉结构状况，为油气的流动和聚集提供了有利的通道和空间。

　　研究区沙三段储层中流体的总体活动较弱，但由于沙一末期到东营早期的油气充注和沙三段泥岩有机质热演化过程中有机酸的释放使得一段时间内孔隙流体偏酸性，产生一定规模的溶蚀作用（姜建群等，2008）。根据岩石薄片观察鉴定结果，研究区储层岩石成分中，岩屑和长石的含量较高，常可见到长石溶蚀成蜂窝状孔隙甚至铸模孔，岩屑溶蚀形成的星点状孔隙；泥质和隐微晶硅质杂基、早期方解石胶结物常溶蚀形成晶内或晶间孔隙。其中，溶蚀程度相对较高，对孔隙度、渗透率等物性有明显贡献的是长石的溶解。长石的化学成分和结构是控制溶蚀过程的重要因素。长石是形成次生孔隙的重要矿物，其沿平行解理面的溶解速度比垂直解理面的溶解速度快 2~3 倍，溶解后在合适条件下析出高岭石，形成石英次生加大。

　　利用扫描电镜和电子探针对不同的长石成分及溶蚀程度进行探讨（表 5-5，Huang et al.，2021）。发现在电子探针仪器之下，钠长石（albite，简称 Ab）多在 {001}、{010} 两组解理方向上均发生溶蚀，溶蚀孔多呈蜂窝状，溶蚀程度较深（图 5-21）；而钾长石（K-feldspar，简称 Kf）多数仅沿 {001} 或 {010} 一组解理方向发生溶蚀（图 5-22），或搬运过程中由于应力产生的破裂缝或后期又被溶蚀改造，发生一定程度的扩张。总的来说，研究区内钠长石溶蚀现象普遍强于钾长石，对次生孔隙贡献大，在部分层位可观察到钾长石、钠长石同时出现时的差异溶蚀现象，钠长石发生较强程度的溶蚀而钾长石溶蚀程度低或未见明显溶蚀孔（图 5-23）。在扫描电镜仪器下，可以观察到更为清晰的长石溶蚀现象（图 5-24），钠长石两组解理方向上发生较为强烈溶蚀，形成粒内孤立的次生孔隙，并与伊蒙混层共生（图 5-24a），钾长石沿一组解理方向发生溶蚀，当颗粒全部或几乎全部被溶解而保留其原晶体假象时，则成为铸模孔（图 5-24b）。次生溶蚀孔隙常常被伊蒙混层和高岭石充填（图 5-24c、d），或表面被伊蒙混层覆盖（图 5-24e、f）。

表5-5　大民屯凹陷沈检5井沙三段砂岩和砾岩中不同类型长石的主要元素含量

（单位：%）

成分	1878.06m		1885.95m			1927.73m		1966.18m		1982.57m		2003.61m			
	钾长石	钠长石	钠长石	钾长石	钠长石	钾长石	钠长石	钾长石	钠长石	钾长石		钾长石		钠长石	
MnO	0.02	bdl	bdl	bdl	0.04	0.05	0.02	0.01	0.02	0.01	bdl	bdl	bdl	bdl	bdl
Na$_2$O	0.32	0.26	10.79	10.17	10.20	0.51	8.43	0.31	7.85	4.11	1.20	1.07	0.34	8.43	8.19
K$_2$O	16.04	15.46	0.08	0.04	0.09	15.50	0.09	15.83	0.05	10.42	13.72	13.21	15.77	0.08	0.25
FeO	0.05	0.03	0.01	0.04	0.04	0.07	0.11	0.03	0.05	0.20	0.24	1.18	0.02	0.07	bdl
MgO	bdl	bdl	0.01	0.01	0.01	0.00	0.01	bdl	bdl	bdl	bdl	bdl	bdl	0.01	bdl
TiO$_2$	0.03	0.03	0.03	0.01	bdl	bdl	0.04	bdl	bdl	0.03	0.03	0.02	0.03	0.05	0.03
Al$_2$O$_3$	19.55	19.69	20.06	21.12	19.38	19.34	23.26	19.50	24.47	20.33	19.18	18.71	19.94	23.91	23.26
CaO	0.00	0.04	0.23	1.28	0.93	bdl	4.53	bdl	6.04	0.16	0.06	0.02	bdl	4.92	4.72
SiO$_2$	64.17	64.64	69.15	68.11	68.61	65.34	63.77	64.09	60.90	65.54	65.91	67.30	64.66	62.86	63.01
总计	100.17	100.14	100.36	100.78	99.29	100.81	100.24	99.78	99.38	100.78	100.34	101.51	100.76	100.33	99.45

取氧原子数量为8进行长石结构式计算

成分	1878.06m		1885.95m			1927.73m		1966.18m		1982.57m		2003.61m			
	钾长石	钠长石	钠长石	钾长石	钠长石	钾长石	钠长石	钾长石	钠长石	钾长石		钾长石		钠长石	
Mn	0.00	0.00	0.00	0.00	0.00	0.00	0.04	0.00	0.00	0.00	0.00	0.00	0.00	0.00	0.00
Na	0.03	0.02	0.91	0.85	0.87	0.05	0.72	0.03	0.68	0.36	0.11	0.09	0.03	0.72	0.70
K	0.94	0.90	0.00	0.00	0.00	0.90	0.00	0.93	0.00	0.60	0.80	0.76	0.92	0.00	0.01
Fe	0.00	0.00	0.00	0.00	0.00	0.00	0.00	0.00	0.00	0.01	0.01	0.04	0.00	0.00	0.00
Mg	0.00	0.00	0.00	0.00	0.00	0.00	0.00	0.00	0.00	0.00	0.00	0.00	0.00	0.00	0.00
Ti	0.00	0.00	0.00	0.00	0.00	0.00	0.00	0.00	0.00	0.00	0.00	0.00	0.00	0.00	0.00
Al	1.06	1.07	1.02	1.08	1.00	1.04	1.21	1.06	1.29	1.08	1.03	0.99	1.07	1.24	1.22
Ca	0.00	0.00	0.01	0.06	0.04	0.00	0.21	0.00	0.29	0.01	0.00	0.00	0.00	0.23	0.22
Si	2.96	2.97	3.00	2.95	3.01	2.98	2.80	2.96	2.72	2.95	3.00	3.02	2.96	2.77	2.80
总计	5.00	4.96	4.95	4.94	4.93	4.97	4.99	4.99	4.98	4.99	4.94	4.91	4.98	4.97	4.95

注："bdl"表示低于检测限。

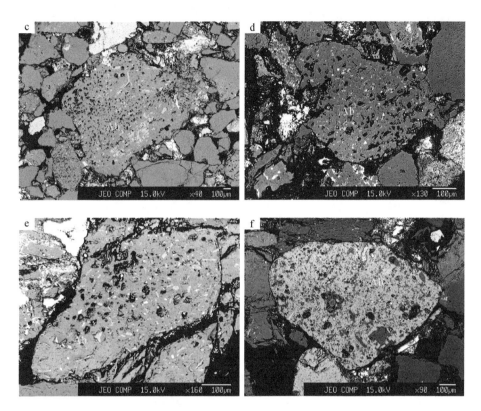

图 5-21　大民屯凹陷沈检 5 井沙三段储层中钠长石溶蚀的电子探针背散射特征

a. 钠长石（Ab）沿两组解理方向溶蚀成蜂窝状，1878.06 m；b. 蜂窝状钠长石，1878.06 m；
c. 蜂窝状钠长石，1927.73 m；d. 钠长石溶蚀强烈成蜂窝状，1927.73 m；e. 钠长石溶蚀较为强
烈，1885.95 m；f. 钠长石溶蚀强烈成蜂窝状，1885.95 m

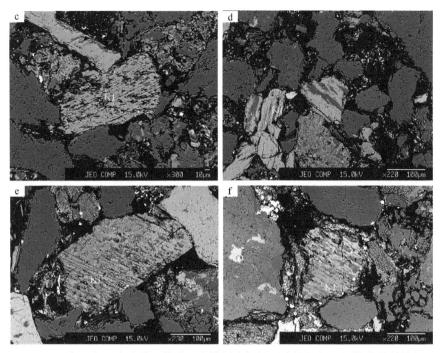

图 5-22　大民屯凹陷沈检 5 井沙三段储层中钾长石溶蚀的电子探针背散射特征

a、b、d. 钾长石（Kf）沿一组解理方向发生溶蚀，1878.06 m；c. 钾长石溶蚀较为强烈，1878.06 m；
e. 钾长石沿一组解理方向发生溶蚀，1982.57 m；f. 钾长石溶蚀较为强烈，1982.57 m

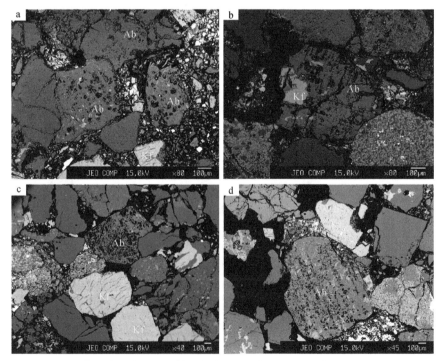

图 5-23　大民屯凹陷沈检 5 井沙三段储层中钠长石和钾长石差异溶蚀的电子探针背散射特征

a. 钠长石（Ab）比钾长石（Kf）溶蚀更为强烈，2003.61 m；b. 钠长石沿两组解理方向溶蚀成蜂窝状，2003.61 m；
c. 钠长石比钾长石溶蚀更为强烈，1966.18 m；d. 钠长石溶蚀更为强烈，1966.18 m

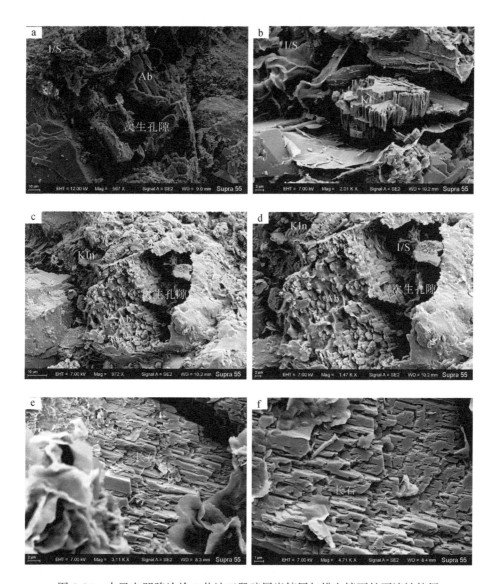

图 5-24　大民屯凹陷沈检 5 井沙三段碎屑岩储层扫描电镜下长石溶蚀特征

a. 钠长石（Ab）沿两组解理方向发生溶蚀，1993.16 m；b. 有形成铸膜孔趋势，1962.57 m；c. 钠

长石沿两组解理方向溶蚀，1962.57 m；d. c 图放大，次生孔隙被伊蒙混层（I/S）和高岭石（Kln）

充填；e. 长石沿平行解理缝溶蚀，表面为伊蒙混层，1884.44 m；f. e 图进一步放大

　　造成长石大量溶蚀的原因可能与中成岩 A 期地层中有机质在较高的温压条件下分解产生的有机酸进入砂岩储层有关，由于有机流体的进入，孔隙介质 pH 值降低，成岩环境变为酸性。在酸性介质条件下，长石碎屑发生强烈溶解，有机酸与长石反应，形成高岭石（林春明，2019）：

$$2KAlSi_3O_8（钾长石）+2H^++H_2O \longrightarrow Al_2Si_2O_5(OH)_4（高岭石）+4SiO_2（石英）+2K^+$$

$$CaAl_2Si_2O_8（钙长石）+2H^++H_2O \longrightarrow Al_2Si_2O_5(OH)_4（高岭石）+Ca^{2+}$$

反应式右边的 $Al_2Si_2O_5(OH)_4$，在 Al^{3+} 的浓度达到 $100×10^{-6}$ 时，可呈络合物被孔隙水

带走；SiO_2 可在原处或经孔隙水带到别处沉淀形成自生石英矿物。

另外，长石溶解产生的 $Al_2Si_2O_5(OH)_4$ 在一定条件下结晶产生自形高岭石集合体矿物。自生石英与自生高岭石集合体为中成岩 A 期酸性矿物组合。

此外，砂岩中的方解石胶结物也发生了一定规模的溶解：

$$CaCO_3(方解石) \longrightarrow Ca^{2+} + HCO_3^-；HCO_3^- \longrightarrow H^+ + CO_3^{2-}$$

在溶蚀作用非常强烈的砂岩中，部分绿泥石膜也发生溶解作用。

5.3.4　交代作用

交代作用是指矿物被溶解，同时被沉淀出来的矿物所置换，新形成的矿物与被溶矿物没有相同的化学组分，如方解石交代石英。交代作用可发生于沉积岩形成的各个阶段乃至表生期。交代矿物可以交代颗粒的边缘，将颗粒溶蚀成锯齿状或港湾状等不规则边缘，也可以交代碎屑颗粒的内部成分，以至于完全交代碎屑颗粒，从而成为它的假象。交代顺序与元素活动性和浓度有关，后来的胶结物可以交代早期的胶结物，交代彻底时甚至可以使被交代的矿物影迹消失，岩石的结构也可能发生变化，与此同时，岩石的孔隙度和渗透率也会发生相应的变化。

研究区沙三段砂岩储层中常见的交代作用有：黏土矿物交代长石（图 5-25a），碳酸盐交代长石、石英等碎屑颗粒（图 5-14c）。此外，在部分层位可见到硫酸盐矿物交代长石、岩屑等现象（图 5-25b，图 5-20）。整体来看，交代作用类型虽然丰富，但交代程度有限，极少见后期自生矿物对碎屑颗粒或前期自生矿物进行影响岩石结构的完全交代作用，故对研究区储层物性改善不大。

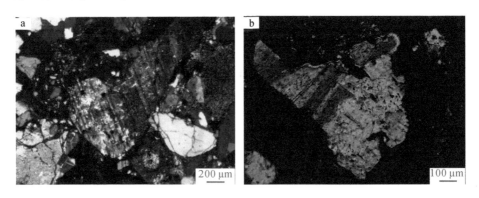

图 5-25　大民屯凹陷沈检 5 井沙河街组沙三段碎屑岩储层扫描电镜下溶蚀作用（林春明，2019）

a. 长石绢云母化，1869.21 m；b. 硬石膏交代长石颗粒，1999.38 m

5.4　成岩阶段划分

沉积后作用的演变，随沉积盆地的地质条件和历史变迁有着不同的差异，它受构造演化的阶段影响，因此，成岩阶段的划分有时是比较困难的，需结合区域地质背景并参考各种划分依据来确定其阶段。成岩阶段的划分依据主要有自生矿物的特征、黏土矿物组合及伊蒙混层比、有机质成熟度、岩石的胶结特征、孔隙类型和古地温等指标。

在沉积后作用期，成岩环境、成岩事件及其所形成的成岩现象等都各有其特点，据此可以把沉积后作用划分为不同的阶段。由于对沉积后作用研究目的和采用的沉积后作用阶段划分依据不同，不同的学者采用的具体的阶段划分、命名、划分依据等也各不相同，到目前为止也还没有统一的划分方案（表 5-6）。有的按埋藏深浅及岩石物理性质的变化，有的按自生矿物组合及其转变情况，有的偏重于黏土矿物类型及其变化，而有的则偏重于有机质的热成熟度及其相应标志，还有的依据地球化学环境及地质物理环境，以及依据煤岩学煤阶及其变化来划分。值得注意的是，任何一个方案都是地区性的或限定在某一国度内，对另一个地区可能就不一定完全适用（林春明，2019）。

表 5-6　沉积后作用阶段划分对比表（林春明，2019）

鲁欣 1956 年	费尔布里奇 1967 年		叶连俊 1973 年		冯增昭 1994 年		中国石油天然气行业标准 2003 年	
石化作用	同生作用	同生成岩作用	初始阶段	海解作用（陆解作用）	同生作用	同生作用 准同生作用	同生成岩阶段	
	成岩作用		早埋阶段	成岩作用	中期成岩作用	成岩作用	早成岩阶段	A 期
								B 期
	进后生作用	同生成岩作用		晚期成岩作用	后生作用	深层成岩后作用	中成岩阶段	A 期
								B 期
							晚成岩阶段	
	退后生作用	表生成岩阶段		表生再造作用		表层成岩后作用	表生成岩阶段	

本书采用的是中华人民共和国石油天然气行业标准《碎屑岩成岩阶段划分》（SY/T 5477-2003），其在我国具有一定的代表性。碎屑岩成岩过程可以划分为若干阶段，各阶段的划分依据有：自生矿物分布、形成顺序；黏土矿物组合、伊蒙混层黏土矿物的转化程度以及伊利石结晶度；岩石的结构、构造特点及孔隙类型；有机质成熟度；古温度-流体包裹体均一温度或自生矿物形成温度；伊蒙混层黏土矿物的演化等物理化学指标。根据这些依据，将沉积后作用阶段划分为同生成岩阶段、早成岩阶段、中成岩阶段、晚成岩阶段和表生成岩阶段，其中早成岩阶段和中成岩阶段又可划分为 A、B 两期（林春明，2019）。

早成岩 A 期主要指从沉积物沉积开始至黏土第一次脱水之前，相当于镜质组反射率 R_o 为 0~0.35%，发生的成岩作用主要有颗粒黏土膜的形成，沉积物压实率极高，孔隙度衰减速率大，大量同生孔隙水通过薄膜渗透排出孔隙使得孔隙水进一步浓缩，原生孔隙急剧减少阶段，水介质性质由第一世代胶结物成分体现。长 6 砂岩储层绿泥石含量较少，相对平均百分含量仅为 8.77%；长 8 砂岩储层中广泛分布第一世代环边绿泥石，说明地层水具有弱还原弱碱性；长 9 油层组砂岩储层中绿泥石含量较多，说明地层水具有弱还原弱碱性。

早成岩 B 期，它相当于镜质组反射率 R_o 为 0.35%~0.5% 阶段，该阶段原生孔隙大量消失，主要原因为机械压实对孔隙的破坏作用和水介质中溶解组分的沉淀析出、充填孔隙的胶结作用。蒙脱石向伊蒙混层转化，并释放出大量过剩的 SiO_2 和 Al_2O_3，开始发育石英次生加大、方解石沉淀胶结、交代岩屑和杂基。

中成岩 A 期，相当于镜质组反射率 R_o 为 $0.5\% \sim 1.2\%$ 阶段，为有机质的成熟高峰期，也是黏土矿物脱水和有机质脱羧酸的主要阶段，水介质为较强溶蚀能力的酸性水。在酸性水作用下，砂岩中的铝硅酸盐、碳酸盐等沉积、成岩组分，如泥板岩、火山岩岩屑、云母、长石岩屑、泥岩杂基均会受到不同程度的溶蚀和高岭土化，主要发生石英的次生加大以及自生石英晶体充填和高岭石胶结物的沉淀，同时开始出现铁方解石胶结作用以及长石、岩屑等的泥化作用。

中成岩 B 期，有机质处于高成熟阶段，镜质组反射率 R_o 为 $1.3\% \sim 2.0\%$，泥岩中有伊利石及伊蒙（I/S）混层黏土矿物，蒙皂石层小于 15%，有序度 $R>3$；砂岩中石英次生加大为Ⅲ级，特别是富含石英的岩石几乎所有石英和长石具有加大且边宽，多呈镶嵌状；高岭石明显减少或缺失；扫描电子显微镜下，颗粒间石英自形晶体相互连接，岩石致密，有裂缝发育。

晚成岩阶段，有机质处于过成熟阶段，镜质组反射率 R_o 为 $2.0\% \sim 4.0\%$，岩石已致密，颗粒呈缝合线接触并有缝合线出现，孔隙极少而有裂缝发育；砂岩中可见晚期碳酸盐类矿物以及钠长石等自生矿物，石英加大属Ⅳ级，自形晶面消失；砂岩和泥岩中代表性黏土矿物为伊利石和绿泥石，并有绢云母、黑云母。

前人对大民屯凹陷的古地温做了相关研究，姜建群等（2004）利用盐水包裹体均一法测定凹陷的古地温梯度平均值为 $3.84℃/100\ m$，研究区中的静 9 井盐水包裹体均一温度实测值为 $85 \sim 91\ ℃$，平均值为 $87\ ℃$，压力校正后的温度为 $99\ ℃$，推测古地温梯度为 $4.5\ ℃/100\ m$，古埋深约为 $1980\ m$。赵明等（2011）利用伊蒙混层温度计获得大民屯凹陷古地温梯度平均为 $3.57\ ℃/100\ m$，埋深小于 $2550.25\ m$ 的地层所处古温度小于 $100 \sim 110\ ℃$，埋深 $2550.25\ m$ 恰为大民屯凹陷的门限深度，小于 $2550.25\ m$ 的有机质尚未成熟。结合黏土矿物的 XRD 分析数据，可知研究区沙三段目的层砂岩、砂砾岩储层所含的主要黏土矿物中，高岭石含量最高，伊利石含量最低，伊蒙混层中蒙皂石的比例平均为 69%，表明研究区沙三段目的层的热演化程度不高，黏土矿物演化程度较低。综合上述岩石结构构造特征、孔隙类型、黏土矿物及自生矿物特征，并结合盆地古低温、埋藏史等背景因素（秦承志，2003；逯向阳，2008；石岩，2014），确定大民屯凹陷沙三段 $S_3^3Ⅲ$、$S_3^4Ⅰ$、$S_3^4Ⅱ$ 三个油层组处于早成岩阶段 B 期。

5.5　成岩演化模式

不同阶段的成岩过程使储层有不同的成岩面貌，亦影响了储层孔隙类型的演化及储层孔隙度、渗透率的变化。$S_3^4Ⅱ$、$S_3^3Ⅰ$ 和 $S_3^3Ⅲ$ 三个油层组埋深较浅，成岩相对较弱。对研究区三个油层组储层的铸体薄片、扫描电镜观察及其他相关研究发现，储集岩中可用于分析成岩序列的主要标志包括：①草莓状黄铁矿或分散状自生黄铁矿多充填于原生粒间孔隙中，靠近碎屑颗粒，推测其形成于同生期（图 5-19）；②第一期方解石胶结物呈漂浮状、镶嵌状充填于原生粒间孔隙（图 5-14a），碎屑颗粒以线接触为主，根据方解石与碎屑颗粒间的接触关系，推测其形成较早，早于压实作用（同生期）或与压实作用同期；③斜长石的溶蚀孔被晚期含铁方解石充填（图 5-14d），说明晚期含铁方解石的形成晚于溶蚀作用；④硬石膏交代岩屑和长石或充填其溶蚀孔（图 5-25b），可知其沉淀晚于岩屑和长石的溶蚀作用，且硬石膏沉淀和晚期含铁方解石胶结物同时出现在原生粒间孔隙中时，硬石膏更靠近碎屑颗粒，说明硬石膏沉淀早于晚期含铁方解石胶结（图 5-20a）；⑤成岩作用后期，晚期含铁方解石发生转化，形成铁白云石（图 5-14a）。基于以上分析并结合区域埋藏史，确定 $S_3^4 II$、$S_3^4 I$ 和 $S_3^3 III$ 油层组砂岩、砂砾岩储层的成岩演化序列为：黄铁矿胶结→早期方解石胶结（或与压实作用同期）→压实作用→油气充注→溶蚀作用、石英次生加大、自生黏土矿物形成及其转化→硬石膏沉淀→晚期含铁方解石胶结→含铁方解石向铁白云石的转化。结合区域地质背景资料、古地温、埋藏史等，可推测出成岩作用演化模式（图 5-26）如下：

同生成岩阶段，沉积物还未脱离水体，由前述沉积体系分析可知沙三期水体较浅。通常草莓状黄铁矿形成于沉积水体的氧化还原界面，水–沉积物界面附近或沉积水体下部，是还原环境的标志，其形成与硫酸盐还原菌（SRB）关系密切，SRB 通过新陈代谢作用将 SO_4^{2-} 还原成 H_2S，后在缺氧的条件下，沉积物含铁矿物中的 Fe^{3+} 被还原为 Fe^{2+}，H_2S 与 Fe^{2+} 结合生成 FeS 和大量的 H^+，FeS 在 H^+ 和溶解氧的作用下形成黄铁矿（李洪星等，2012；林春明，2019）。

早成岩阶段 A 期：沙三段地层埋深小于 1500 m，古地温小于 60 ℃。沉积物颗粒间多不接触或呈点接触，较为松散，早期碳酸盐胶结物充填了部分原生粒间孔。随着埋深增加，机械压实作用增强，碎屑颗粒与原生粒间孔隙中的早期方解石胶结物遭受挤压，原生孔隙有一定程度的减少。沙一末期到东营早期，凹陷内沙四段、沙三段烃源岩生烃，同时发生油气充注（姜建群等，2008）。受油气充注带来的有机酸的影响，研究区 $S_3^3 III$、$S_3^4 I$、$S_3^4 II$ 砂岩、砂砾岩中的不稳定组分（岩屑和长石）发生溶蚀作用，产生大量次生孔隙，约占总孔隙的 15%～25%。此外，研究层位中的水下分流河道间泥岩和粉砂质泥岩中的有机质此时虽处于未成熟阶段，但在热演化过程中其产生的有机酸也可造成不稳定组分的溶解，但其对岩屑、长石的影响远小于油气充注。钠长石、钾长石的溶蚀为蒙皂石的伊利石化和高岭石的形成提供了大量的物质来源，因此多见伊蒙混层、高岭石等黏土矿物分布在长石颗粒周围，同时形成次生加大石英（黄思静等，2004）。这一阶段产生的大量伊蒙混层、高岭石等黏土矿物以及自生石英对储层孔隙产生了一定的破坏作用。当然，在酸性条件下早期的碳酸盐胶结物也发生了一定程度的溶解，为晚期含铁方解石胶结物的形成提供了物质来源。

早成岩阶段 B 期：埋深不断增加（1500～2000 m），古地温大于 60 ℃。油气充注后不稳定成分的溶解作用仍在继续，早成岩阶段 A 期储层中的酸性流体慢慢得以缓冲中和，在孔隙流体有大量 SO_4^{2-}、Ca^{2+} 的情况下，硬石膏发生沉淀，孔隙流体逐渐过渡为碱性（关平等，2006）。晚期含铁方解石胶结物出现在硬石膏沉淀之后，充填原生孔隙、次生孔隙，含铁方解石发育层位孔隙度、渗透率明显降低，因含铁方解石大量出现在砂泥岩接触面附近，推测泥岩中的 Ca^{2+} 等向砂岩发生了运移，除早期方解部分溶解提供了 Ca^{2+} 外，这也是晚期含铁方解石的物质来源之一（Dutton，2008；Liu et al.，2018）。

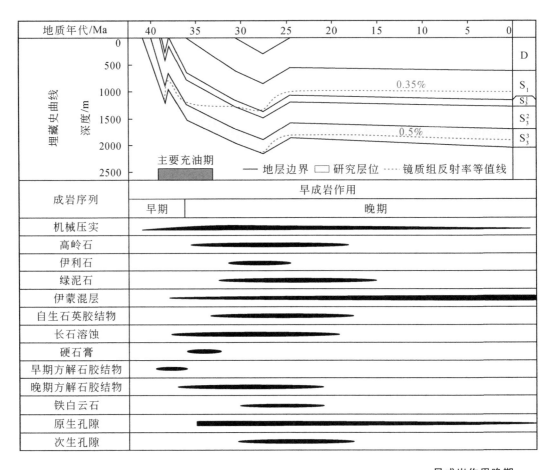

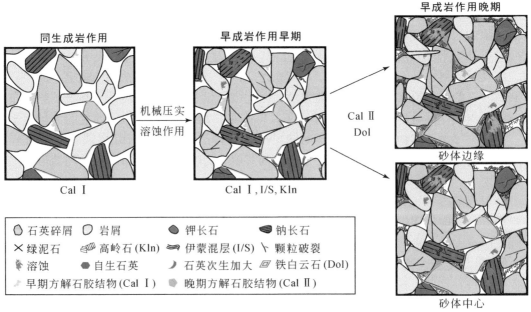

图5-26　大民屯凹陷沙河街组沙三段埋藏史和成岩演化模式图（Huang et al.，2021）

埋深大于 2000 m，古地温大于 80 ℃。铁白云石对晚期含铁方解石进行交代。含铁方解石向铁白云石转化主要受孔隙流体中 Fe^{2+}、Ca^{2+}、Mg^{2+} 活度，pH 值和温度的影响，在合适条件下，铁白云石可由（含铁）方解石或菱铁矿交代、转化而来（Morad，1998）。研究区目的层铁白云石形成所需的 Fe^{2+} 和 Mg^{2+} 一方面可能来自于早成岩阶段 A 期火成岩岩屑的溶解；另一方面，在蒙皂石向伊利石的转化过程中，也会释放大量的 Fe^{2+} 和 Mg^{2+}，这也可能是铁白云石形成所需物质的来源（林春明，2019）。

通过以上关于成岩作用的分析可知，由于沙三段埋深相对较浅，所以压实作用相对较弱，砂岩中保留了大量的原生孔隙，受油气充注和泥岩有机质热演化过程中释放的有机酸的影响，储层中的不稳定成分也经历了一定程度的溶蚀作用，发育少部分次生孔隙，储层质量相对较好。

第6章 储层物性特征及其影响因素

储集空间包括孔隙、喉道和裂缝，储集物性主要为孔隙度和渗透率。孔隙、喉道和裂缝的类型、结构特征，孔隙度和渗透率等是决定储层质量的主要因素。因此，储层孔隙结构特征研究对于储层评价有非常重要的意义。本书根据砂岩样品铸体薄片的显微镜下观察与定量统计，孔隙度、渗透率和毛细管压力测试，扫描电镜及能谱分析，以及电子探针背散射等测试分析手段，对大民屯凹陷沈 84—安 12 区块沙河街组沙三段 $S_3^4 \mathrm{II}$、$S_3^4 \mathrm{I}$、$S_3^3 \mathrm{III}$ 等 3 个主力油层组碎屑岩储层的微观孔隙结构特征和物性特征进行了系统分析。

6.1 储层孔隙结构特征

储层的孔隙是指储集岩中未被固体物质充填的空间，是储集油气的场所。它不仅与油气运移、聚集密切相关，而且在开发过程中对油气的渗流也具有十分重要的意义。

储层孔隙结构是指岩石所具有的孔隙和喉道的几何形状、大小、分布、相互连通情况，以及孔隙与喉道间的配置关系等，其反映了储层中各类孔隙与孔隙之间连通喉道的组合，是孔隙与喉道发育的总貌（林春明等，2011；张霞等，2011a，2011b，2012；林春明，2019）。储层微观孔隙结构研究是储层描述与评价的一个重要方面，它与储层的认识和评价、油气层产能的预测、油气层改造以及提高油气采收率的研究都息息相关，一般从岩心样品分析入手，通过观察岩石薄片、铸体薄片、压汞曲线、物性以及扫描电镜和 X 射线衍射分析等，阐明储层的孔隙结构和喉道类型等，全面总结储层的微观孔隙结构特征，为有利储层的预测与评价提供依据。

6.1.1 孔隙类型

研究区铸体薄片、扫描电镜、电子探针分析表明，大民屯凹陷沙三段 $S_3^4 \mathrm{II}$、$S_3^4 \mathrm{I}$、$S_3^3 \mathrm{III}$ 三个油层组储层的孔隙按成因可分为原生孔隙和次生孔隙两种类型（表6-1）。原生孔隙是研究区储层的主要储集空间，占总孔隙的70%以上，包括残余原生粒间孔和原生杂基中的微孔隙；次生孔隙较少但类型多样，主要表现为粒间溶孔、粒内溶孔、自生矿物晶间孔和微裂缝几种类型（表6-1）。

表 6-1　大民屯凹陷沙河街组沙三段 $S_3^4 \mathrm{II}$、$S_3^4 \mathrm{I}$ 和 $S_3^3 \mathrm{III}$ 油层组储层孔隙类型及特征

成因分类	孔隙类型	孔隙特征
原生孔隙	残余原生粒间孔	经压实、胶结之后剩余的粒间孔，形态规则
	填隙物内微孔	泥质杂基颗粒相互支撑形成的孔隙

续表

成因分类	孔隙类型		孔隙特征
次生孔隙	溶蚀粒间孔		由杂基、胶结物、长石和岩屑等碎屑颗粒边缘被溶解形成，溶解强烈时可形成溶蚀扩大孔和特大溶蚀粒间孔
	溶蚀粒内孔		由长石、岩屑等易溶颗粒不同程度溶解形成粒内孤立溶孔、粒内蜂窝状溶孔，强溶后可形成铸膜孔
	自生矿物晶间孔		长石、岩屑及杂基等蚀变或粒间化学沉淀伊利石、高岭石、绿泥石等黏土矿物的晶间孔，其中以高岭石晶间孔最为发育
	微裂缝	粒内微裂缝	主要见于脆性碎屑颗粒内部，较为平直，一般不超出颗粒，为压实作用产物
		构造微裂缝	沿颗粒边缘分布，同时还可切穿碎屑颗粒，一般未充填，连通性好，常与铸膜孔、次生溶孔及残余原生粒间孔组成连通网络，为构造作用产物
		粒缘微裂缝	沿颗粒边缘分布，可能与粒缘胶结物溶解有关
		岩石组分收缩缝	由黑云母、泥质碎屑和杂基等脱水收缩形成

1. 残余原生粒间孔隙

该类孔隙是指原生粒间孔在成岩过程中不断地充填一些成岩矿物，导致孔隙体积缩小、连通性变差的一类孔隙，主要有三种类型：①碎屑颗粒被伊蒙混层等黏土膜包裹后的残余原生粒间孔，这类孔隙形态规则，多呈三角形、四边形及长条形，孔隙一般较大（图 6-1a）；②石英次生加大边、自生石英雏晶或早期微晶方解石胶结物充填后形成的残余原生粒间孔；③被杂基或火山岩岩屑颗粒、黑云母、泥岩、千枚岩等塑性变形形成的假杂基占据后剩余的原生粒间孔，此类孔隙孔径相对较小，普通显微镜下难以辨认（图 6-1b）。研究区原生孔隙发育，主要为被黏土矿物膜包裹后的残余原生粒间孔，孔隙直径大；其余两种残余原生粒间孔隙不发育。

2. 溶蚀孔隙

在成岩过程中储层岩石颗粒（石英、长石、岩屑）受上覆静压、地层温度、流体 pH 值、离子含量、电位等变化等影响，常发生局部溶解而形成孔隙。粒内溶孔多沿着矿物解理缝、双晶缝、岩屑斑晶与基质的接触面发育，随着溶蚀作用的加强，粒内溶蚀孔逐渐变大。当颗粒全部或几乎全部被溶解而保留其原晶体假象时，则成为铸模孔。根据颗粒溶蚀程度和部位的不同，又可分为粒间溶孔、粒内溶孔和溶蚀缝（表 6-1）。通过普通薄片、电子探针和扫描电镜观察分析（图 5-21～图 5-24），研究区内主要发育的溶蚀孔隙为粒内溶孔，铸模孔和粒间溶孔在研究区内发育较弱。粒内溶孔多与砂岩、砂砾岩、含砾砂岩中不稳定组分的溶解有关，不稳定组分主要为长石和岩屑。如钠长石常沿两组解理方向溶蚀，多呈蜂窝状；钾长石的粒内溶孔也十分常见，但总体上钠长石的溶蚀程度强于钾长石。此外，岩屑内部也可发生选择性溶蚀，溶蚀孔多呈星点状分布，其发育程度远小于长石，溶蚀孔孔隙直径差别较大，分布不均匀，连通性较差（图 6-1c、d）。

3. 自生矿物晶间微孔隙

自生矿物晶间微孔隙简称晶间微孔，是指成岩过程中形成的自生矿物之间的晶间孔隙，此类孔隙一般都是小孔隙，但由于自生矿物的成分、晶粒大小不同，晶间微孔也有相对大小之分。研究区内储层中的晶间孔主要是高岭石晶间孔和自生黄铁矿晶间孔（图6-1e、f）。高岭石是区内自生黏土矿物中含量最高的，高岭石晶间孔孔隙直径在0.1~2 μm之间，结晶良好的高岭石晶间孔对储层物性有着积极的影响。

图6-1　大民屯凹陷沈检5井沙河街组沙三段残余原生粒间孔隙和溶蚀孔隙特征

a. 残余原生粒间孔，1938.24 m，蓝色铸体薄片，（-）；b. 原生杂基中的微孔隙，1927.73 m，蓝色铸体薄片，（-）；c. 长石颗粒溶蚀孔，1927.73 m，蓝色铸体薄片，（-）；d. 岩屑星点状溶蚀孔，1927.73 m，蓝色铸体薄片，（-）；e. 自生高岭石晶间微孔，1941.67 m，扫描电镜；f. 自生黄铁矿晶间孔，1866.86 m，扫描电镜

4. 微裂缝

微裂缝包括由于压实作用、收缩作用及各种构造应力作用形成的细小裂隙，研究区长石岩屑砂岩、岩屑长石砂岩中微裂缝总量极少，只有个别井位的个别层段裂缝发育。微裂

缝可分为构造微裂缝、粒缘微裂缝、粒内微裂缝及岩石组分收缩缝 4 种类型，研究区内主要发育粒内微裂缝和粒缘微裂缝（图 6-2a、b），构造裂缝较少见，如钾长石颗粒破裂缝明显，且后期破裂缝处常常发生溶蚀，有一定程度的扩张（图 6-2c、d）。粒缘微裂缝沿颗粒边缘分布，可能与溶蚀作用有关；构造裂缝较细，常可切穿岩石颗粒、杂基等，缝内较为洁净，少数充填有泥质、硅质和方解石等物质。

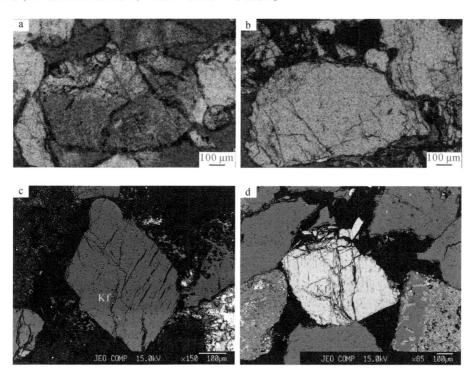

图 6-2　大民屯凹陷沈检 5 井沙河街组沙三段残余原生粒间孔隙和溶蚀孔隙特征

a. 粒内微裂缝，1872.83 m，蓝色铸体薄片，（−）；b. 粒缘微裂缝，1882.70 m，蓝色铸体薄片，（−）；c. 钾长石（Kf）微裂缝，后期溶蚀扩张 1927.73 m，背散射；d. 钾长石微裂缝，后期溶蚀扩张，1966.18 m，背散射

6.1.2　喉道类型及其特征

喉道为连通两个孔隙的狭窄通道，每一个喉道可以连通两个孔隙，而每一个孔隙至少可以和三个甚至多个喉道相连通。在储集岩复杂的立体孔隙系统中，控制其渗流能力的主要是喉道或主流喉道，以及主流喉道的形状、大小和与孔隙连通的喉道数目。

碎屑岩骨架颗粒的表面结构和形状（圆度和球度）影响喉道壁的粗糙度。分选和磨圆差的颗粒常使喉道变得粗糙曲折，直接影响其内部流体的渗流状态。骨架颗粒的接触关系和胶结类型也影响喉道形状。在不同的接触类型和胶结类型中，常见有孔隙缩小型、缩颈型、片状、弯片状和管束状 5 种孔隙喉道类型（罗蛰潭，1986）。

1. 孔隙缩小型喉道

孔隙缩小型喉道为孔隙的缩小部分，喉道与孔隙无截然的界线。此类喉道通常发育于以原生孔隙为主的砂岩储层中。岩石结构多为颗粒支撑或漂浮状颗粒接触，胶结物和杂基少，其孔隙与喉道难以区分，往往属于大孔隙、粗喉道，孔喉直径比接近于1。这类喉道仅在局部区域比较常见，这可能与此区域砂岩较纯净、胶结物少有关。

2. 缩颈型喉道

缩颈型喉道是颗粒间可变断面的收缩部分。砂岩颗粒被压实而排列比较紧密，虽然其保留下来的孔隙还是比较大的，然而由于颗粒排列紧密，使喉道大大变窄。储层虽有较大孔隙度，但渗透率往往较低，属大孔隙、细喉道的储集层类型，孔喉直径比很大，部分孔隙喉道小而无法连通，成为无用的孔隙。此类喉道常见于颗粒点接触、衬边胶结或自生加大胶结的砂岩中。

3. 片状喉道

片状喉道呈狭小的片状分布，由于压实作用和压溶作用，使晶体再生长，孔隙变得越来越小，连通孔隙的喉道成为颗粒晶体之间的晶间缝，宽度一般只有几微米。主要分布在接触式和线接触式胶结类型的样品中，这类岩石虽然孔隙也比较小，但喉道更细，会有比较大的孔喉比，渗透性比较差。

4. 弯片状喉道

弯片状喉道同片状喉道类似，只是岩石颗粒的胶结类型多为凸凹接触，喉道呈不规则的片状弯曲，喉道宽度小，其张开度较小，一般小于 1 μm，个别几十微米。但喉道延伸长，喉道极细，所以其孔喉比较大，储层的渗透性很差。常见于接触式、线接触及凸凹接触式类型。这种喉道变化较快，可以是小孔极细喉型，受溶蚀作用改造后，亦可以是大孔粗喉型。

5. 管束状喉道

当杂基及胶结物含量较高时，原生的粒间孔隙有时可以完全被堵塞。杂基及胶结物中的许多微孔隙（小于 5 μm 的孔隙）本身既是孔隙又是连通通道，这些微孔隙交叉地分布于杂基及胶结物中组成管束状喉道，使孔隙度变为中等或较低，渗透率也变低，大多小于 0.1×10^{-3} μm^2。由于孔隙直径等于喉道直径，所以孔喉直径比为1。这类孔隙结构常见于杂基支撑、基底式及孔隙式、缝合接触式类型中。

大民屯凹陷沈84—安12区块 S_3^3 Ⅲ、S_3^4 Ⅰ、S_3^4 Ⅱ 三个油层组储层中存在孔隙缩小型、缩颈型、片状及弯片状喉道，以缩颈型和片状喉道为主，孔隙缩小型和弯片状喉道相对较少（图6-3）。这种孔喉类型与储层中保留的大量原生粒间孔密切相关，与碎屑颗粒的大小也有一定关系，颗粒粒径越小，喉道发育情况越差。

图 6-3　大民屯凹陷沈检 5 井沙河街组沙三段残余原生粒间孔隙和溶蚀孔隙特征

a. 孔隙缩小型喉道，沈检 5 井，1966.18 m，铸体薄片，（−）；b. 缩颈型喉道，沈检 3 井，1982.20 m，铸体薄片，（−）；
c. 片状喉道，沈检 5 井，1919.99 m，铸体薄片，（−）；d. 弯片状喉道，沈检 3 井，1979.00 m，铸体薄片，（−）

6.1.3　微观孔隙结构特征

孔隙和喉道是孔隙结构的两大重要组成，两者的总体组合特征决定了储层孔隙结构的基本类型。孔隙结构特征是指孔隙及连通孔隙的喉道大小、形状、连通情况、配置关系及其演变特征。目前研究岩石孔隙结构的方法主要有毛细管压力法、铸体薄片法、扫描电镜法和图像分析法等，最常用的是毛细管压力法和铸体薄片法，它们用于储层研究已多年，现已经成为研究孔隙结构的经典方法。微观孔隙结构直接影响着储层的储集渗流能力，并最终决定油气藏产能的差异分布。对于特低渗透储层而言，不同渗透率级别的储层其孔隙直径大小及分布性质差别不大，差别主要体现在喉道的大小和分布上（张霞等，2012）。

1. 毛细管压力特征

毛细管压力测定可以通过以下几个参数反映砂岩孔隙结构：①反映孔喉大小的参数，如排驱压力（MPa）、平均孔喉半径（μm）；②表征孔喉分选特征的参数，如分选系数、均质系数、歪度等；③反映孔喉连通性及控制流体运动特征的参数，如最大汞饱和度（Hg%）、孔隙度（%）和渗透率（10^{-3} μm^2）。

根据大民屯凹陷沙河街组沙三段 $S_3^4 \text{II}$、$S_3^4 \text{I}$ 和 $S_3^3 \text{III}$ 油层组储层岩石的毛细管压力测定参数统计结果，可以看出储层岩石的喉道具有如下特征。

$S_3^4 \text{II}$ 油层组储层的排驱压力在 0.005~0.202 MPa 之间，平均 0.050 MPa。中值压力在 0.085~10.097 MPa 之间，平均为 1.890 MPa，变化范围较 $S_3^3 \text{III}$、$S_3^4 \text{I}$ 油层组大，反映岩石孔喉分布的较不均匀。平均孔喉半径分布范围为 0.519~20.453 μm，均值 7.556 μm，喉道半径普遍较大。喉道均质系数在 0.117~0.329 之间，均值 0.181，表明储层岩石的孔喉分选相对较好；喉道歪度在 0.595~2.200 之间，均值 1.430（表 6-2）。孔喉半径平均值大，整体评价为粗喉，但分布均匀程度较另外两个油层组差。

大民屯凹陷沙河街组沙三段 $S_3^4 \text{I}$ 油层组储层的排驱压力较低，在 0.005~0.040 MPa 之间，均值 0.016 MPa。中值压力在 0.103~1.428 MPa 之间，均值 0.503 MPa，变化范围较小，反映岩石孔喉分布较为均匀。平均孔喉半径分布范围为 3.879~27.461 μm，均值 11.606 μm，表明该油层组喉道半径普遍较大。喉道均质系数在 0.104~0.287 之间，均值 0.209，表明储层岩石的孔喉分选相对较好；喉道歪度在 0.439~2.430 之间，均值 1.160（表 6-2）。孔喉半径平均值大，整体评价为粗喉。

表 6-2　大民屯凹陷沙河街组沙三段 $S_3^4 \text{II}$、$S_3^4 \text{I}$ 和 $S_3^3 \text{III}$ 油层组毛细管压力特征参数表

油层组	数值	排驱压力/MPa	中值压力/MPa	平均孔喉半径/μm	均质系数	歪度	评价	均匀程度
$S_3^3 \text{III}$	最小值	0.040	0.670	2.318	0.155	1.016	中喉	
	最大值	0.050	1.573	4.621	0.277	1.706		
	平均值	0.047	1.532	3.356	0.212	1.269		
$S_3^4 \text{I}$	最小值	0.005	0.103	3.879	0.104	0.439	粗喉	较均匀
	最大值	0.040	1.428	27.461	0.287	2.430		
	平均值	0.016	0.503	11.606	0.209	1.160		
$S_3^4 \text{II}$	最小值	0.005	0.085	0.519	0.117	0.595		
	最大值	0.202	10.097	20.453	0.329	2.200		
	平均值	0.050	1.890	7.556	0.181	1.430		

大民屯凹陷沙河街组沙三段 $S_3^3 \text{III}$ 油层组储层的排驱压力在 0.040~0.050 MPa 之间，均值 0.047 MPa。中值压力在 0.670~1.573 MPa 之间，均值 1.532 MPa，反映岩石孔喉分布均匀。平均孔喉半径分布范围为 2.318~4.621 μm，均值 3.356 μm，喉道普遍较大。喉道均质系数在 0.155~0.277 之间，均值 0.212，表明储层岩石的孔喉分选相对较好；喉道歪度在 1.016~1.706 之间，均值 1.269（表 6-2）。孔喉半径平均值中等，整体评价为中喉。

2. 铸体薄片参数特征

毛细管压力法能够很好地揭示岩样孔隙系统整体、三维流动特性、孔隙结构系统中喉道及与其相连通的孔隙容积的定量分布特征，但不能直观地显示、测定具体孔隙和喉道的

大小、形状、分布及配置关系，因此采用铸体薄片法直接观察孔隙的几何特征、测量孔径大小，对上述孔隙结构进行再分析。

通过铸体薄片观测能够获得面孔率、孔隙配位数、喉道连通系数、孔径分布参数、孔隙形状、孔隙类型等数据。根据铸体薄片图像分析，大民屯凹陷沈 84—安 12 区块 S_3^4 Ⅱ 油层组储层面孔率平均 4.65%，平均孔隙直径为 190.64 μm，孔喉比平均 0.97，孔喉平均配位数为 0.12，均质系数平均 0.35（表 6-3）。S_3^4 Ⅰ 油层组储层面孔率平均 4.78%，平均孔隙直径为 187.68 μm，孔喉比平均 2.25，孔喉平均配位数为 0.31，均质系数平均 0.33（表 6-3）。S_3^3 Ⅲ 油层组储层面孔率平均 4.60%，平均孔隙直径为 118.84 μm，孔喉比平均 2.06，孔喉平均配位数为 0.22，均质系数平均 0.33（表 6-3）。由以上孔喉特征参数可知，S_3^4 Ⅱ、S_3^4 Ⅰ 和 S_3^3 Ⅲ 三个油层组平均孔喉比较小，代表其渗透能力较强；均质系数高，代表孔隙结构均匀；平均孔隙直径大，整体评价为大孔。

表 6-3 大民屯凹陷沙河街组沙三段 S_3^4 Ⅱ、S_3^4 Ⅰ 和 S_3^3 Ⅲ 油层组铸体薄片特征参数表

油层组	数值	面孔率/%	平均孔隙直径/μm	平均孔喉比	平均配位数	均质系数	评价	均匀程度
S_3^3 Ⅲ	最小值	3.35	68.7	1.24	0.07	0.32		
	最大值	10.08	348.1	3.96	0.37	0.35		
	平均值	4.60	114.84	2.06	0.22	0.33		
S_3^4 Ⅰ	最小值	2.46	121.34	1.01	0.13	0.30	大孔	均匀
	最大值	9.11	295.23	4.48	0.57	0.37		
	平均值	4.78	187.68	2.25	0.31	0.33		
S_3^4 Ⅱ	最小值	2.49	90.24	0.09	0.01	0.31		
	最大值	6.97	265.39	1.66	0.27	0.39		
	平均值	4.65	190.64	0.97	0.12	0.35		

3. 孔隙结构

孔隙和喉道是孔隙结构的两大重要组成，两者的总体组合特征决定了储层孔隙结构的基本类型，因此，储层孔隙结构主要按照孔隙与喉道的大小组合和类型组合进行分类。根据上述孔喉类型、大小、分布（表 6-4），可确定研究区 S_3^4 Ⅱ 油层组孔喉组合类型为大孔-中喉较均匀型，S_3^4 Ⅰ 和 S_3^3 Ⅲ 油层组孔喉组合类型为大孔-粗喉均匀型。

表 6-4 储层孔喉分类及孔喉组合类型（张绍槐和罗平亚，1993）

孔隙分级	孔隙中值直径/μm	喉道分级	喉道半径/μm
大孔型	>60	粗喉道	>5
中孔型	30~60	中喉道	2~5
小孔型	10~30	细喉道	0.06~2
微孔型	<10	微喉道	<0.06

续表

孔隙分级	孔隙中值直径/μm	喉道分级	喉道半径/μm
孔喉组合类型			
大孔粗喉型	大孔中喉型	中孔细喉型	小孔微喉型
中孔粗喉型	中孔中喉型	小孔细喉型	微孔微喉型
	小孔中喉型	微孔细喉型	

6.2 储层的物性特征

　　储层物性特征研究是油藏描述工作中储层研究的重要内容之一。通常用孔隙度、渗透率等参数来表征储层物性。定量研究储层物性参数，研究其在平面及垂向上的变化规律，对于研究储层的沉积相、储层非均质性及储量计算、储层综合评价等有着重要意义，也是剩余油分布及油水运动规律研究的基础。储层物性参数研究要以地球物理测井资料、取心井岩心分析资料为基础，计算各井各个层位的孔渗参数，制作各层孔隙度、渗透率平面展布图、孔渗直方图，讨论孔渗的特征。

6.2.1 孔隙度和渗透率特征

　　对研究区静11、静59、静63-27、静66-60、静观1、沈检3和沈检5井共7口取心井的实测孔隙度、渗透率资料进行分析，大民屯凹陷沈84—安12区块沙河街组三段 $S_3^4 \text{II}$、$S_3^4 \text{I}$ 和 $S_3^3 \text{III}$ 油层组砂岩、砂砾岩储层孔隙度在3.4%~30.8%，中值为22.2%，主要分布区间为20%~25%（图6-4a）；渗透率最低值为 $0.03×10^{-3} \mu m^2$，最大值为 $6254.00×10^{-3} \mu m^2$，中值为 $132.5×10^{-3} \mu m^2$，主要分布区间为 $100×10^{-3} \sim 1000×10^{-3} \mu m^2$（图6-4b）。

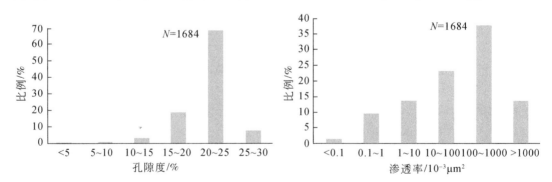

图6-4　大民屯凹陷 $S_3^4 \text{II}$、$S_3^4 \text{I}$ 和 $S_3^3 \text{III}$ 油层组砂岩、砂砾岩储层孔隙度和渗透率分布直方图

1. $S_3^4 \text{II}$ 油层组

$S_3^4 \text{II}$ 油层组孔隙度和渗透率分布均具"单峰"特征。砂岩、砂砾岩储层孔隙度在

7.7%~28.6%，中值为 22.5%，主要分布区间为 20%~25%（图 6-5a）；渗透率最低值为 0.03×10⁻³ μm²，最大值为 6254.00×10⁻³ μm²，中值为 133.0×10⁻³ μm²，主要分布区间为 100×10⁻³~1000×10⁻³ μm²，另外，1×10⁻³~10×10⁻³ μm²、10×10⁻³~100×10⁻³ μm² 和 >1000×10⁻³ μm² 三个区间内分布较均匀（图 6-5b）。

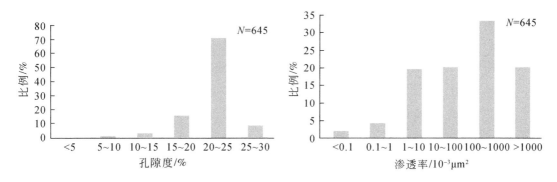

图 6-5　大民屯凹陷 S_3^4 II 油层组砂岩、砂砾岩储层孔隙度和渗透率分布直方图

2. S_3^4 I 油层组

S_3^4 I 油层组孔隙度分布均具"单峰"特征，渗透率分布具"双峰"特征。砂岩、砂砾岩储层孔隙度在 3.4%~30.8%，中值为 22.4%，主要分布区间为 20%~25%（图 6-6a）；渗透率最低值为 0.03×10⁻³ μm²，最大值为 5299.00×10⁻³ μm²，中值为 133.0×10⁻³ μm²，主要分布区间为 100×10⁻³~1000×10⁻³ μm² 和 1×10⁻³~10×10⁻³ μm²（图 6-6b）。

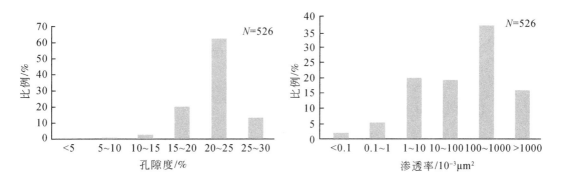

图 6-6　大民屯凹陷 S_3^4 I 油层组砂岩、砂砾岩储层孔隙度和渗透率分布直方图

3. S_3^3 III 油层组

S_3^3 III 油层组孔隙度和渗透率分布均具"单峰"特征。砂岩、砂砾岩储层孔隙度在 9.1%~27.5%，中值为 21.8%，主要分布区间为 20%~25%（图 6-7a）；渗透率最低值为 0.09×10⁻³ μm²，最大值为 3417.00×10⁻³ μm²，中值为 93.0×10⁻³ μm²，主要分布区间为 100×10⁻³~1000×10⁻³ μm²（图 6-7b）。

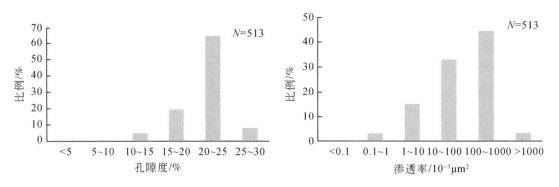

图 6-7　大民屯凹陷 S_3^3 Ⅲ 油层组砂岩、砂砾岩储层孔隙度和渗透率分布直方图

由 S_3^4 Ⅱ、S_3^4 Ⅰ 和 S_3^3 Ⅲ 油层组储层的孔隙度分布直方图和渗透率分布直方图可知，三个油层组优势孔隙度和渗透率区间无明显变化，孔隙度均集中在 20%～25%，渗透率主要区间为 $100 \times 10^{-3} \sim 1000 \times 10^{-3} \mu m^2$。根据中华人民共和国石油天然气行业标准《油气储层评价方法》(SY/T 6285－2011) 的孔隙度和渗透率分类标准（表 6-5），大民屯凹陷 S_3^4 Ⅱ、S_3^4 Ⅰ 和 S_3^3 Ⅲ 油层组储层孔隙度主要表现为中孔；渗透率主要表现为中渗和低渗，储层类型以中孔中渗储层为主。

表 6-5　碎屑岩储层孔隙度和渗透率分类标准

孔隙度 ϕ/%	$\phi \geq 30$	$25 \leq \phi < 30$	$15 \leq \phi < 25$	$10 \leq \phi < 15$	$5 \leq \phi < 10$	$\phi < 5$
分类标准	特高孔	高孔	中孔	低孔	特低孔	超低孔
渗透率 K /$10^{-3} \mu m^2$	$K \geq 2000$	$500 \leq K < 2000$	$50 \leq K < 500$	$10 \leq K < 50$	$1 \leq K < 10$	$0.1 \leq K < 1$
分类标准	特高渗	高渗	中渗	低渗	特低渗	超低渗

6.2.2　孔隙度和渗透率关系

未经改造的原始砂质沉积物，以原生粒间孔为主，渗透率与孔隙度相关性明显。沉积物进入成岩作用阶段后由于压实作用和胶结作用的改造，使得沉积岩孔隙变小，喉道变窄，孔隙度减小；或由于溶蚀作用的改造，使得岩石的孔隙度变大，喉道变宽，孔隙度增加。成岩作用受控于多种外界因素，即便在同一区域内，成岩作用类型也不是均匀的。因此，成岩作用的改造使得渗透率和孔隙度的关系变得复杂。

从孔渗关系来看，三个油层组储层孔隙度和渗透率均呈线性关系，渗透率值随着孔隙度的增加而增加，但相关系数较小，表明相关性较低。其中，S_3^4 Ⅱ、S_3^4 Ⅰ 和 S_3^3 Ⅲ 油层组储层孔渗相关系数分别为 0.1502、0.3706、0.2315。S_3^4 Ⅰ 油层组的相关系数依次大于 S_3^3 Ⅲ 和 S_3^4 Ⅱ，孔渗相关性递减，代表储层岩石中孔喉连通性变差（图 6-8）。较低的孔渗相关性反映了溶蚀作用对储层物性改善有限。

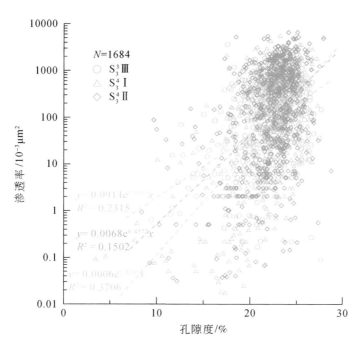

图 6-8　大民屯凹陷 $S_3^4 \text{II}$、$S_3^4 \text{I}$ 和 $S_3^3 \text{III}$ 油层组储层孔隙度与渗透率关系图

6.2.3　孔隙度和渗透率平面分布特征

从大民屯凹陷沈 84—安 12 区块沙河街组沙三段 $S_3^4 \text{I}$ 油层组第 6、5 和 4 小层储层孔隙度平面分布图（图 6-9）可以看到，第 6 小层孔隙度高值区集中在区内北部、东部和中部，孔隙度多大于 20%，为中—高孔储层。第 5 小层孔隙度平面分布基本继承了第 6 小层的特征，北部和东部孔隙度较高，不同的是在沈检 5 井区北东方向出现了低值区，孔隙度约

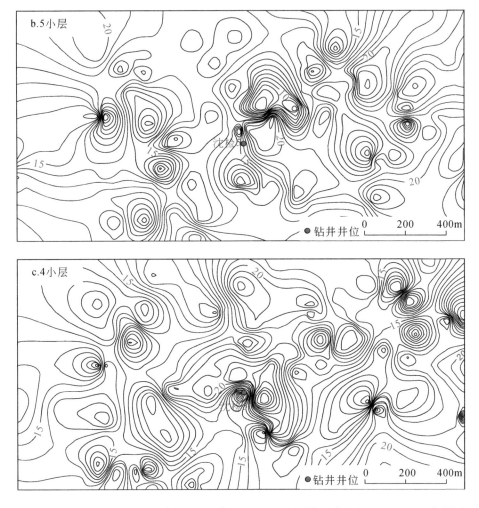

图 6-9　大民屯凹陷沙三段 S_3^4 I 油层组第 6、5 和 4 小层储层孔隙度（%）平面分布图

10%。第 4 小层孔隙度平面分布特征明显，孔隙度大于 20% 的优势储层主要分布在沈检 5 井区附近（中部）及其北部，研究区东南部也有分布，其余周边地区孔隙度变化不大，基本在 15% 左右。

　　从大民屯凹陷沈 84—安 12 区块沙河街组沙三段 S_3^4 I 油层组第 3、2 和 1 小层储层孔隙度（%）平面分布图（图 6-10）可以看到，第 3 小层孔隙度高值区主要集中在区内东南部，其余区域孔隙度较低，10%~15%。第 2 小层孔隙度平面分布特征与第 3 小层完全不同，优势储层区主要发育在研究区北部，南部孔隙度相对较低。第 1 小层储层孔隙度平面分布更加零散，优势储层区面积明显减小，仅发育在研究区中北部区域，其他区域大范围发育孔隙度在 10%~15% 的低孔储层，甚至在沈检 5 井区南西向区域储层孔隙度普遍小于 5%，为超低孔储层。

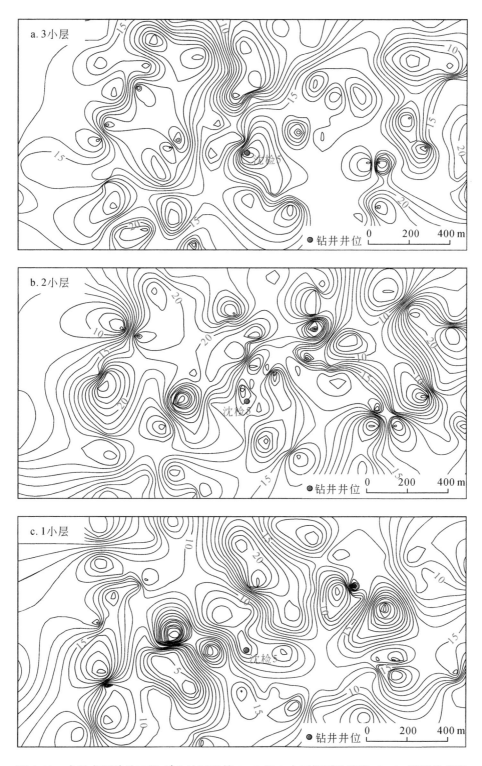

图 6-10　大民屯凹陷沙三段 S_3^4 Ⅰ 油层组第 3、2 和 1 小层储层孔隙度（%）平面分布图

从大民屯凹陷沈 84—安 12 区块沙河街组沙三段 S_3^4 I 油层组第 6、5 和 4 小层储层渗透率平面分布图（图 6-11）可以看到，第 6 小层渗透率高值区十分集中，主要分布在沈检 5 井区和本区东部，渗透率大于 $450×10^{-3}\,\mu m^2$，其他区域大范围分布渗透率小于 $450×10^{-3}\,\mu m^2$ 的储层（图 6-11a）。第 5 小层渗透率的高值区基本继承了第 6 小层的特征，且在本区西部和东部展布面积都有所扩大，渗透率小于 $450×10^{-3}\,\mu m^2$ 的储层展布面积变小（图 6-11b）。第 4 小层渗透率平面分布特征和第 6 小层十分相似，高渗区集中在沈检 5 井区和本区东部，且展布面积更小（图 6-11c）。

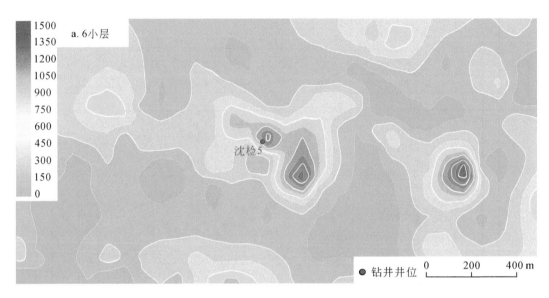

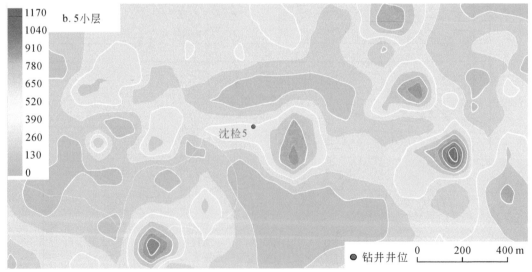

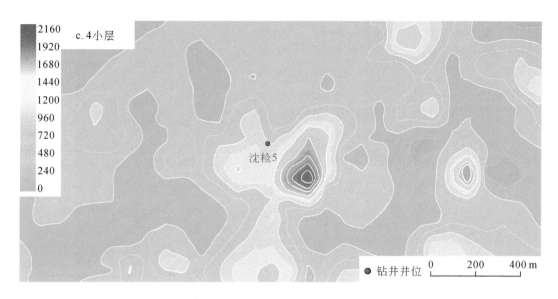

图 6-11　大民屯凹陷沙三段 S_3^4 I 油层组第 6、5 和 4 小层储层渗透率（10^{-3} μm^2）平面分布图

从大民屯凹陷沈 84—安 12 区块沙河街组沙三段 S_3^4 I 油层组第 3、2 和 1 小层储层渗透率平面分布图（图 6-12）可以看到，第 3 小层渗透率大于 500×10^{-3} μm^2 的高渗储层主要集中在本区中部和南部（图 6-12a）。到了第 2 小层沉积时期，高渗区更加集中，主要分布在以沈检 5 井区为中心的研究区中北部，渗透率小于 500×10^{-3} μm^2 的储层面积明显扩大（图 6-12b）。第 1 小层全区储层渗透率明显低于其他小层，均在 700×10^{-3} μm^2 以下（图 6-12c），渗透率大于 500×10^{-3} μm^2 的高渗储层零星分布，中低渗透储层大面积展布是该小层的重要特征。

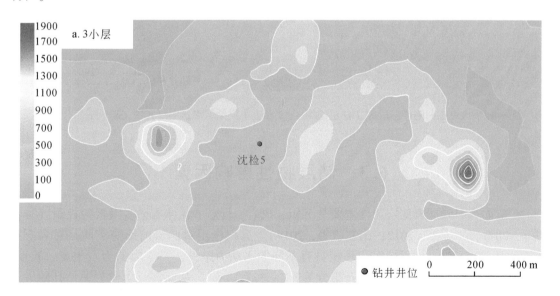

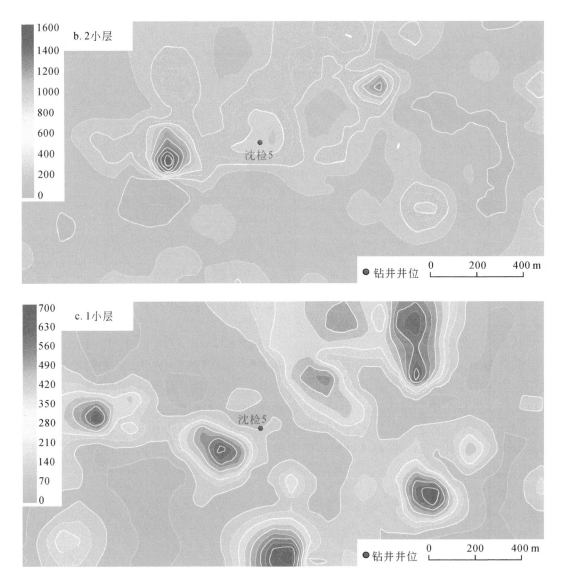

图 6-12　大民屯凹陷沙三段 S_3^4 I 油层组第 3、2 和 1 小层储层渗透率（10^{-3} μm^2）平面分布图

6.3　储层物性影响因素

　　一般而言，碎屑岩储层物性主要受沉积、成岩、构造、流体等诸多因素的控制（林春明等，2011；张霞等，2012；朱筱敏等，2017）。沉积作用对储层的影响实质是对岩石类型和结构组分的影响，不同沉积环境具有不同的水动力条件，所形成的岩石类型、粒度、分选性、磨圆度、杂基含量和岩石组分等方面均有所差异，从而决定了砂岩原始孔隙大小及后期成岩作用类型和强度，致使储层物性在纵向和横向上有明显差异；多种建设性和破坏性的成岩作用改造了储层的物性，这是继沉积作用之后对储层物性改造最重要因素之

一；构造运动可使储层在挤压中增加压实作用的强度，也可使致密的脆性较大的岩石发生脆性破裂，产生构造裂缝或由于剪切应力作用形成滑脱裂缝，可以有效地改善储层的渗流性；成岩阶段来自于烃源岩的富含有机酸流体可改变储层孔隙中的地球化学环境，造成砂岩溶解作用的发生及矿物组成和物性条件的改变（徐深谋等，2011；张妮等，2011，2015；张霞等，2012）。

通过对储集层岩性特征及成岩作用的分析，认为影响大民屯凹陷沈 84—安 12 区块沙三段储层物性的主要因素有以下几种。

6.3.1　碎屑颗粒对储层物性的影响

岩石粒度对物性的影响明显，通常随着碎屑颗粒粒径的增加，孔隙度和渗透率均有增加的趋势。根据统计分析，区内沙河街组三段砂岩粒度大小与物性存在明显的正相关关系，粉砂岩中的杂基含量明显高于细砂岩，粒度总体较细，决定了其原始孔渗性较差。从整体上来看，粗砂岩的孔渗性明显好于中砂岩，中砂岩的孔渗性好于细砂岩，细砂岩好于粉砂岩（图 6-13）。

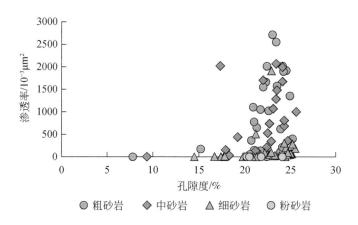

图 6-13　大民屯凹陷沙三段储层物性与岩石颗粒粒度关系图

岩石成分对物性同样存在影响。矿物抗风化能力弱，易风化成黏土矿物充填孔隙或表面形成风化层减小孔隙空间。润湿性强，亲水的矿物，表面束缚薄膜较厚，孔隙空间缩小，渗透性变差。一般来说，石英砂岩比长石砂岩储集物性好，从抗风化程度和润湿性两个方面考虑：①长石和石英的抗风化能力不同。石英抗风化能力强，颗粒表面光滑，油气易通过；长石不耐风化，颗粒表面常有次生高岭土和绢云母，它们一方面对油气有吸附作用，另一方面吸水膨胀堵塞原来的孔隙和喉道。②长石的亲水性和亲油性比石英强，当被油或水润湿时，长石表面所形成的液体薄膜比石英表面厚，在一般情况下这些液体薄膜不能移动，在一定程度上减少了孔隙的流动截面积，导致渗透率变小。

$S_3^4 II$、$S_3^4 I$ 和 $S_3^3 III$ 油层组砂岩储层岩石类型主要为长石岩屑砂岩，其次为岩屑长石砂岩，岩屑砂岩少见，成分成熟度偏低，结构成熟度中等。虽然储层岩石成分成熟度偏低，但石英是占比最高的矿物成分，此外，岩屑类型以变质岩岩屑为主，变质石英岩、脉石英等稳定岩屑成分在含量上有一定的优势，杂基含量较低。这一存在形式使得岩石骨架颗粒对后期成岩作用，尤其是压实作用有一定的抵抗作用，保留了大量的原生孔隙（张霞等，2012）。

根据薄片鉴定结果统计分析得出，研究区目的层储层砂岩孔隙度和渗透率与石英的含量呈线性正相关关系，岩石的孔隙度和渗透率随着石英碎屑颗粒含量的增加而增大（图6-14a、b）。储层砂岩的孔隙度随岩屑含量增加变化不大，略微降低；而渗透率随着岩屑颗粒含量的增加有明显的增加（图6-14c、d）。一般而言，随着岩屑含量的增加，岩石孔隙度和渗透率应该相应减小，而研究区目的层储层的渗透率与岩屑含量呈明显的正相关关系，这可能与岩屑主要是变质石英岩、脉石英等硅质变质岩岩屑有关，它们的抗压实作用强。研究区岩石的孔隙度和渗透率与长石碎屑含量也呈线性关系，其中随钾长石含量的增加，孔隙度与和渗透率均呈现下降趋势（图6-14e、f）；而随着斜长石碎屑颗粒含量增加，孔隙度降低，但渗透率却有一定程度的增加，这与成岩过程中油气充注以后的溶蚀作用有关，高含量的斜长石溶蚀后提供了一定数量的次生溶蚀孔缝，与残余原生孔组成的孔隙结构有着更好的渗流特征（图6-14g、h）。

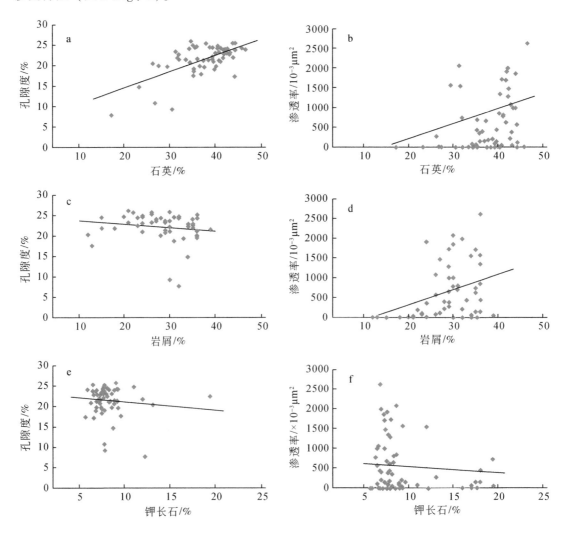

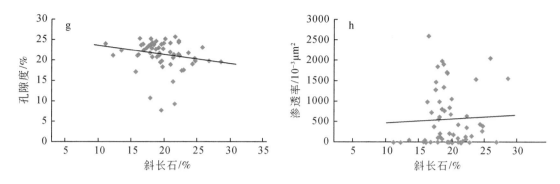

图 6-14　大民屯凹陷沙三段储层物性与石英、长石和岩屑等碎屑颗粒关系图

6.3.2　黏土矿物对储层物性的影响

国内外研究表明，在沉积、成岩条件大致相同的情况下，黏土矿物含量越高，砂岩的孔隙度、渗透率就会越低，储集性能就越差。砂岩中黏土矿物含量为 1%~5% 时，属储集性能较好的油气层，当黏土矿物含量超过 10% 时，则认为是较差的油气层。黏土矿物的绝对含量对砂岩储集性能的影响不能一概而论。当砂岩的成熟度高时，砂岩的主要胶结物为钙质和自生黏土矿物，在这种条件下黏土矿物的绝对含量对砂岩储集性能的影响比较明显，随着黏土矿物含量的增加，砂岩的孔隙度和渗透率都有所减小，渗透率的降低更明显。当砂岩的成分成熟度和结构成熟度较低时，黏土矿物的绝对含量对砂岩储集物性的影响不明显，其储集物性主要与岩石本身的成分和结构有关。

研究区 $S_3^4 II$、$S_3^4 I$ 和 $S_3^3 III$ 油层组砂岩储层黏土矿物总含量主要在 3.7%~18.1% 之间，其与砂岩储层的孔隙度呈弱的负相关，但对储层的渗透率影响明显增大，随着黏土矿物含量的增加，砂岩储层的渗透率明显降低（图 6-15a、b）。上述特征除与砂岩本身的成熟度有关以外，还与砂岩中黏土矿物成分、产状及形态有关。伊蒙混层含量与孔隙度和渗透率均呈明显的负相关关系，说明其对储层质量主要起破坏作用（图 6-15c、d）。绿泥石含量与孔渗也呈现负相关线性特征，但其对储层质量的影响程度小于伊蒙混层。与前两种黏土矿物不同的是，随着高岭石含量的增加，储层孔隙度和渗透率有明显的增加，这在一定程度上反映了高岭石晶间孔对储层质量的影响，说明高岭石提供的晶间孔为有效孔隙（图 6-15e、f）。

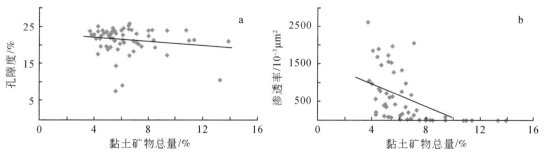

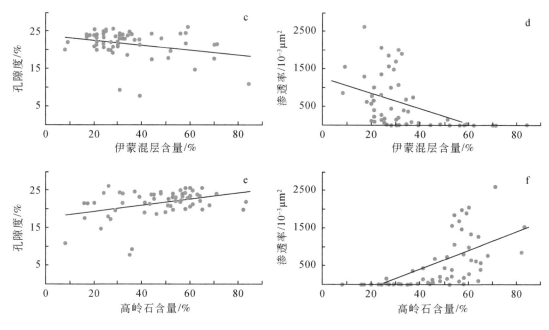

图 6-15　大民屯凹陷沙三段储层物性与黏土矿物含量关系图

6.3.3　成岩作用对储层物性的影响

碎屑岩储层的成岩演化是一个复杂的物理化学变化过程，尤其是发生在成岩阶段中晚期的物理、化学变化常对储层孔隙结构和矿物组成的变化产生重要影响，而这种变化通常是由孔隙流体性质的改变所引起的，来自于烃源岩的富含有机酸的酸性流体可改变砂岩储层孔隙中的地球化学环境，造成砂岩溶蚀作用的发生以及矿物组成和物性条件的改变。成岩作用在砂岩埋藏演化过程中对其原生孔隙的保存或破坏以及次生孔隙的发育起着关键作用（Salem et al.，2000；Ceriani et al.，2002；林春明等，2011；王爱等，2020）。

根据铸体薄片和扫描电镜图像分析结果，大民屯凹陷沈 84—安 12 区块 S_3^4 Ⅱ、S_3^4 Ⅰ 和 S_3^3 Ⅲ 油层组砂岩储层成岩作用类型比较丰富，埋藏成岩过程中各种成岩作用对砂岩的原生孔隙保存或破坏以及次生孔隙的发育都产生一定影响。其中，使储层物性变差的成岩作用有压实作用和胶结作用，使储层的储集性能变好的成岩作用有溶蚀作用。原生孔隙在本区目的层储层中较常见，是砂岩、砂砾岩主要的储集空间，它的发育状况直接影响了储层的孔渗条件。在有大量原生孔隙保留的基础上，溶蚀作用产生的次生溶蚀孔隙以及胶结作用产生的高岭石晶间孔对储层孔渗物性、孔隙结构也有一定程度的改善。因此，研究储集砂岩、砂砾岩的成岩作用对研究区储层的评价和预测具有重要意义。

1. 压实作用

一般而言，随埋深的增加，压实强度增加，孔隙度减小。沉积物的组分、分选性、粒度、磨圆度等对机械压实作用也有相当的影响。岩石中塑性组分含量越高，岩石越容易被机械压实。在其他条件相同的情况下，砂岩分选性越好，磨圆度越高，其孔隙度越高。胶结作用和压实作用共存并相互制约。如果早期胶结作用不发育，那么压实作用就较强烈，孔隙度和渗透率会迅速降低。反之，早期形成的赋存于粒间的胶结物可以阻碍压实作用的进程。而在主要压实期后形成的赋存于粒间的胶结物对压实作用几乎不产生影响。研究区的砂岩、砂砾岩储层中，大部分充填于粒间的胶结物主要形成于主要机械压实作用后期，对机械压实作用的影响不强烈。

压实作用与孔隙度的关系是随着压实作用的增强，岩石的孔隙度呈指数式减小，因此，压实作用可造成岩石孔隙度的大量损失。据薄片观察，研究区储层因埋藏较浅，经历的机械压实作用程度为中等至弱，主要表现为碎屑颗粒的重新排列，颗粒普遍以点–线接触、部分碎屑颗粒呈凹凸接触，塑性岩屑挤压变形（如云母和泥岩岩屑）且具较明显的定向排列，刚性碎屑矿物压碎或压裂。随着埋藏深度的增加，储层孔隙度和渗透率均有明显的下降（图 6-16），压实作用是导致研究区砂岩原生孔隙丧失的主要原因之一。

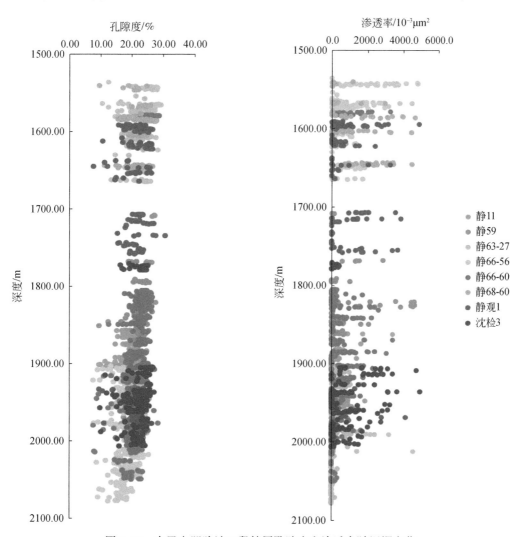

图 6-16　大民屯凹陷沙三段储层孔隙度和渗透率随埋深变化

2. 胶结作用

成岩作用早期，黏土矿物和硅质石英胶结物晶体常常垂直于颗粒表面生长，可在一定程度上抵抗压实作用和其他胶结物对颗粒的胶结作用，其胶结物的含量与孔渗之间为正相关关系，胶结物含量的增加，一定程度上有利于原生孔渗的保存。但在大多数情况下，胶结作用将使得物性明显变差，本研究区内的胶结作用尤其是自生黏土矿物胶结和方解石胶结，对储层的物性起破坏作用。总体来看，该区的胶结作用比较发育，虽然不同胶结物、胶结方式对孔隙的作用是不同的，但其对原生孔隙的影响以破坏为主，对储层发育不利。

自生黏土矿物胶结对储层的影响比较普遍，其对储层物性的影响整体起破坏作用，但不同黏土矿物对储层的影响不同。研究区目的层中伊蒙混层、绿泥石对储层物性主要起破坏性作用；高岭石对储层物性有一定的建设作用。绿泥石胶结物对储层的负面影响主要体现在减小孔隙半径、堵塞喉道，它的存在常使孔隙喉道变得迂回曲折。此外，绿泥石富含铁镁物质，其对盐酸和富氧系统十分敏感，酸化过程中易形成氢氧化铁胶体堵塞喉道。伊蒙混层黏土矿物是蒙皂石向伊利石转化的过渡产物，其遇水膨胀后易堵塞孔喉，对储集物性起破坏作用。沙三段储层中自生高岭石胶结物大部分是含油气酸性流体与长石颗粒发生水岩反应的产物，可以很少或大量原地沉淀于溶蚀孔隙中。尽管高岭石的集合体充填于孔隙中，减小了原始粒间孔隙度，但是自生高岭石矿物与长石的溶蚀孔隙有明显的共生关系，其形成时间基本一致，高岭石的大量发育常常意味着大量次生溶蚀型孔隙的产生。根据上文高岭石含量与储层孔隙度、渗透率关系（图6-15g、h），可知高岭石晶间孔对孔隙结构有着较大程度的改善，其集合体虽多充填于粒间孔隙，但颗粒堆积疏松，晶间孔隙非常发育。大量的晶间孔与周围长石颗粒的溶蚀孔组成孔渗性良好的孔喉组合，继而改善孔隙结构。

$S_3^4 II$、$S_3^4 I$ 和 $S_3^3 III$ 油层组中不同期次的碳酸盐胶结物对储层物性的影响明显不同。早期方解石形成于压实作用前或与压实作用同期，在一定程度上支持岩石骨架结构，对孔隙起保护作用，晚期受有机酸溶蚀影响可能提供少部分溶蚀孔隙；晚期含铁方解石胶结物发育层位储层物性差，胶结致密处渗透率极低，影响着后期油气的运移和充注，从而影响储层成藏（图6-17）。

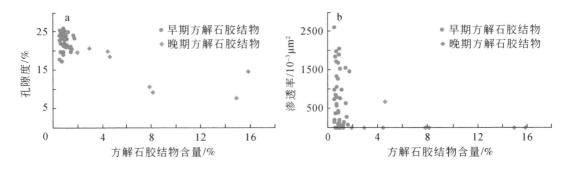

图6-17　大民屯凹陷沙三段储层两期方解石胶结物对储层孔隙度和渗透率的影响

值得注意的是，晚期含铁方解石胶结层位多发育在砂泥岩接触界面处，砂泥岩界面碳酸盐大量沉淀有着不可忽视的石油地质意义：①影响储层物性；②影响油气的运移与充注；③有利于形成压力封存箱，对油气的保存具有重要的作用（漆滨汶等，2006）。

砂泥界面处储层受大量碳酸盐矿物沉淀的影响，孔隙度和渗透率明显降低，部分层位的物性特征甚至低于水下分流河道间的泥岩和粉砂岩。随着距砂泥界面的距离增大，碳酸盐胶结物含量显著减小，储层孔隙度和渗透率增加，故砂体中部的储层质量优于砂体边缘。事实上，界面处孔隙度和渗透率的下降反映了储层微观孔隙结构的变化，根据上文有关成岩序列的讨论，可知晚期方解石主要形成于早成岩阶段晚期，此时储层仍保留有大量的原生孔隙，来自于泥岩的混合流体使得部分长石、早期方解石胶结物等发生溶解，产生部分次生溶蚀孔，但由于大量 $CaCO_3$ 的沉淀，储层中的原生孔隙和次生孔隙基本被充填，形成一种"假基底式"胶结，造成储层物性明显下降。接触面处的碳酸盐胶结物影响着后期油气的运移和充注，从而影响储层成藏。当砂泥岩界面处碳酸盐胶结致密时，油气不易通过强胶结层充注砂体。碳酸盐胶结越疏松，界面处储层物性越好，与砂体内部的孔隙结构相差越小，由孔喉差造成的毛细管压力更小，有利于油气的充注与成藏（漆滨汶等，2006）。尽管碳酸盐胶结的尺度可能不足以作为隔层，但其降低了平均渗透率，使得油气充注路径更为曲折，改变了储层中油气的波及效率（Dutton，2008）。

3. 溶蚀作用

研究区储层中的溶蚀孔隙对改善砂岩储层的储集性能起到了建设性的作用。根据显微镜及扫描电镜分析，发现研究区溶蚀作用主要发生在长石颗粒表面及内部，其次为岩屑发生溶蚀。由溶蚀作用造成的次生溶孔在研究区发育普遍，形成了一定数量有储集性能的次生孔隙，如长石溶孔、岩屑溶孔、早期方解石胶结物溶蚀孔等，在很大程度上改善了储层的物性。溶蚀作用发育主要有三个原因。一个是储层岩石含有较多的不稳定组分，如碎屑颗粒（长石、岩屑等）、易溶胶结物（如方解石等），这些组分在合适的条件下，都会发生一定的溶蚀作用，这为次生孔隙的发育和储层物性的提高提供了帮助。二是随着埋深增加和温度上升，$S_3^4 II$、$S_3^4 I$ 和 $S_3^3 III$ 油层组中水下分流河道间泥岩的有机质在热演化过程中产生有机酸，并释放 CO_2，这些有机、无机酸性流体一方面通过抑制自生矿物的生长，如抑制石英次生加大，从而使原生孔隙得到最大限度的保存；另一方面通过改变孔隙水的地球化学性质，使得方解石等酸性不稳定矿物发生溶解，从而形成一定数量的次生孔隙。三是沙一末期到东营早期，大民屯凹陷内沙四段、沙三段烃源岩生烃，并进行同期充注，受油气充注的影响，不稳定组分易受溶蚀。

此外，溶蚀作用不仅可以产生大量溶蚀孔隙，还能将原来没有连通的孔缝进行连通，对油气的运移起到良好作用。

第7章 储层分类评价与有利区预测

本章从岩石相特征、岩石结构与粒度特征、测井相特征等沉积相标志入手，以沈84—安12区块S_3^4Ⅱ、S_3^4Ⅰ和S_3^3Ⅲ三个油层组储层为主，在探讨储层沉积相类型，并对区域剖面和平面沉积相进行深入分析基础上，结合录井、测井及试油资料，确定有效储层岩性、含油性、孔隙度及渗透率下限，建立了储层分类评价标准，最终对有利储层发育区进行了预测，为下一步勘探开发部署提供了强有力的地质依据。

7.1 储层主控因素分析

沉积条件是砂体空间展布的主要控制因素，是影响储层物性的原始因素。成岩作用在原始沉积作用的基础上继续发展，不同成岩类型与不同成岩强度对储层物性造成的影响不同，是影响储层物性的后期因素。

7.1.1 沉积相对储层的控制

碎屑岩储层的原始孔隙度受控于岩石结构和分选性。它们显然受沉积水动力条件的控制，不同沉积环境的水动力条件存在差异（刘双莲等，2012）。研究沉积作用对储层的控制，一方面可从其岩石学特征入手，它是储层质量的重要控制因素，主要反映在碎屑组分和粒径上。储层碎屑组分中的塑性颗粒组分的抗压性能相对弱，在埋藏成岩过程中易发生塑性变形，不利于储层粒间孔隙的保存。储层粒径越细，其塑性岩屑含量越高、抗压性能越低，从而储层的压实作用也越强。另一方面，因为不同的沉积（微）相具有不同的水动力条件，故沉积（微）相控制着砂体的空间展布。不同沉积（微）相形成的砂岩在优质储层形成方面具有不同的潜力。原始孔隙发育的岩石常处于水动力条件较强的相带（王志坤等，2003）。

大民屯凹陷沙三段地层主要发育扇三角洲–湖泊沉积体系。研究区沈84—安12区块主要为扇三角洲前缘亚相沉积，且处于扇三角洲前缘的近物源端。水下分流河道和水下分流间湾微相最为发育，河口坝和席状砂不发育。沉积微相是影响储层的关键因素，孔隙度、渗透率等储层物性在平面上受沉积微相控制。研究区优质储层主要发育在扇三角洲前缘水下分流河道高能相带，其储层物性好、砂体厚度大、平面分布较广。这与水下分流河道的沉积环境水动力强、粒度较粗、分选性较好和杂基含量低等特征有关。此外，具有一定储集特征的是富砂质水下分流间湾微相，岩性以粉砂岩为主，受岩石组分中碎屑颗粒和杂基等物质的影响，储层物性比水下分流河道的砂岩、砂砾岩差，但比富泥型水下分流间湾微相强（图7-1）。

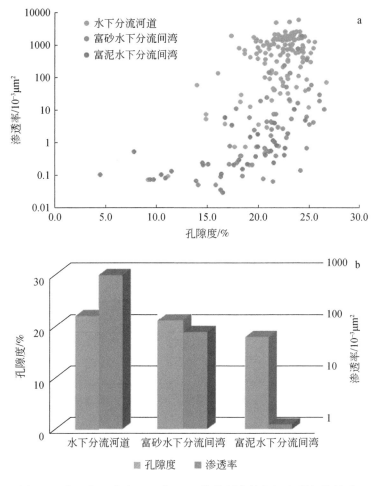

图 7-1　大民屯凹陷沈 84—安 12 区块储层物性与沉积微相的关系

7.1.2　成岩作用对储层的控制

　　成岩作用阶段相对于沉积作用阶段是漫长的，一系列复杂的物理、化学变化使储集层得以改造，是储层质量的另一重要影响因素。从前述成岩作用可知，研究区储层处于早成岩阶段 B 期，其中压实作用和胶结作用对储层性质的影响最大，溶蚀作用的影响比较局限。因此研究储层压实作用和胶结作用的控制因素显得比较重要，它受储层岩性、成岩胶结强度、埋藏成岩史和地层流体压力等多个因素的控制。压实作用及胶结物对储层物性的影响在之前章节中已讨论过，此处仅对压实作用和胶结作用对储层物性控制作用的强度进行探讨。

　　碎屑岩的压实作用与胶结作用是一对相互制约的成岩作用。压实作用对储层孔隙的影响宏观上表现为原始孔隙度的损失，而胶结作用虽然对原生粒间孔隙有充填作用，但原生粒间孔隙空间并不会受到影响。当压实作用比较显著时，碎屑沉积物（岩）的原生孔隙被快速压缩而减少，在碎屑岩的孔隙度和渗透率降低速率较快的情况下，溶解有碳酸盐矿物的孔隙流体活动受到限制，制约了胶结作用的进行，从而在一定程度上降低了胶结作用对岩石储集空间的破坏。当胶结作用比较显著时，早期胶结物会充填在尚未经历强烈压实作用的岩石孔隙空间，从而抵抗压实作用，有助于原生粒间孔隙的保存，若后期酸性流体活动使早期碳酸盐胶结物发生溶蚀作用，则可改善储层物性。分析压实作用和胶结作用的相对减孔量，可判断破坏储层物性的主要成岩作用类型（王瑞飞和陈明强，2007）。Houseknecht（1987）提出的"压实作用与胶结作用相对重要性图版"是评价碎屑岩成岩作用中压实作用与胶结作用相对重要性的常用图版。假定砂层原生孔隙度为40%，基于研究区沙三段目的层储层的岩心实测孔隙度、薄片胶结物含量及全岩 X 射线衍射等数据成图（图7-2）。研究区压实作用和胶结作用对储层的控制强度相当，机械压实作用所破坏的原生孔隙度在3.25%~41.75%之间，均值为23.20%；胶结作用破坏原生孔隙度占总原生孔隙度的12.50%~56.25%，均值为22.91%，说明压实作用和胶结作用使得原生孔隙损失了45%左右，大部分原生孔隙得到了保留。右上部较为分散的几个强胶结作用数据点代表了砂泥界面处较为致密的晚期含铁方解石胶结（图7-2）。

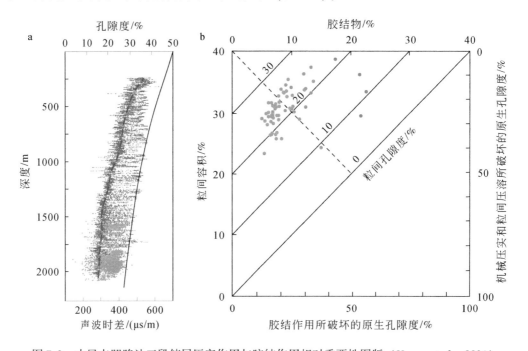

图 7-2　大民屯凹陷沙三段储层压实作用与胶结作用相对重要性图版（Huang et al., 2021）
a. 大民屯凹陷沙三段沈检 5 井砂岩和砾岩孔深图（橙色点为岩石实测孔隙度）和压实曲线（声波时差随深度变化，蓝色点为声波时差测试值，红色虚线为砂岩和砾岩的声波时差趋势线；黑色实线为全球砂岩模拟压实曲线，修改自 Gluyas and Cade, 1997；b. 大民屯凹陷沙三段砂岩和砾岩压实作用和胶结作用对孔隙度的影响（底图来自 Houseknecht, 1987）

综上，研究区储层质量主要受沉积和成岩两方面因素的影响，沉积作用主要体现在沉积微相的控制，成岩作用的影响主要体现在压实和胶结两种成岩作用。因为本区储层埋藏较浅，处于早成岩阶段 B 期，尽管压实作用和胶结作用致使储层孔隙度降低，但其强度较小，故认为研究区储层质量主要受沉积相的控制。在相控的基础上，压实作用和胶结作用进一步影响储层物性，致使孔隙度和渗透率有所降低。

7.2　有利储层评价

7.2.1　有利储层评价标准

根据中华人民共和国石油天然气行业标准《油气储层评价方法》（SY/T 6285-2011）的孔隙度和渗透率分类标准（表6-5），研究区沙三段储层孔隙度主要介于 20%~25% 之间，渗透率主要区间 100×10^{-3} ~ $1000\times10^{-3}\mu m^2$。孔隙度中值为 22.2%；渗透率中值为 $132.5\times10^{-3}\mu m^2$。储层物性较好，属中孔中渗储集层。

沈 84—安 12 区块储层的有效孔隙度大多分布在 15%~25% 之间，分布区间较小，因此，选用渗透率作为储层质量划分的主要参数，结合 S_3^4 Ⅱ、S_3^4 Ⅰ 和 S_3^3 Ⅲ 三个油层组储层的岩性特征、孔喉半径、孔隙类型、铸体薄片特征参数和毛管曲线特征参数等，综合建立适合于大民屯凹陷沈 84—安 12 区块 S_3^4 Ⅱ、S_3^4 Ⅰ 和 S_3^3 Ⅲ 三个油层组的储层类型划分方案（表7-1）。经评价，研究区内目的层的有效储层以 Ⅰ 类、Ⅱ 类储层为主，含少部分Ⅲ类储层。

表7-1　大民屯凹陷沈84—安12区块 S_3^4 Ⅱ、S_3^4 Ⅰ、S_3^3 Ⅲ油层组储层宏微观特征分析图版

储层质量分类		Ⅰ 类	Ⅱ 类	Ⅲ 类
铸体薄片		200 μm	200 μm	200 μm
镜下观察		颗粒支撑，点-线接触、点接触，接触-孔隙式胶结	颗粒支撑，点-线接触，接触式胶结	点-线接触、线接触，接触式胶结
岩性特征		砂砾岩、含砾砂岩、粗砂岩为主	中-粗砂岩、细砂岩为主	粉砂岩、含泥粉砂岩为主
物性	渗透/$10^{-3}\mu m^2$	>100	50~100	<50
	孔隙度/%	20~25	20~25	<20
电性	AC/(μs/m)	≥250	≥280	<280
	RT/(Ω·m)	≥20	≥14	<14
孔隙结构	孔隙类型	以原生粒间孔为主	以原生粒间孔为主	以原生粒间孔为主
	结构类型	大孔-粗喉较均匀型	大孔-中喉较均匀型	中孔-中喉较不均匀型

Ⅰ 类储层：渗透率大于 $100\times10^{-3}\mu m^2$。该类储层质量最好，岩性以砂砾岩、含砾砂岩、粗砂岩为主，颗粒支撑，点-线接触、点接触，接触-孔隙式胶结。测井解释时差大于

250 μs/m, 电阻率大于 14 Ω·m。孔隙以原生粒间孔为主, 孔隙结构为大孔-粗喉较均匀型, 分析认为该类储层注水见效快, 吸水效果好。

Ⅱ类储层: 渗透率介于 $50×10^{-3} \sim 100×10^{-3}$ μm² 。该类储层质量较好, 岩性以中-粗砂岩、细砂岩为主, 颗粒支撑, 点-线接触, 接触式胶结。测井解释时差大于 280 μs/m, 电阻率大于 14 Ω·m。孔隙以原生粒间孔为主, 孔隙结构为大孔-中喉较均匀型, 这类储层吸水较一般, 是剩余油分布相对富集的部位。

Ⅲ类储层: 渗透率小于 $50×10^{-3}$ μm²。此类储层物性较差, 岩性以粉砂岩、含泥粉砂岩为主。测井解释时差小于 280μs/m, 电阻率小于 14 Ω·m。孔隙以原生粒间孔为主, 孔隙结构为大孔-中喉较均匀型, 这类储层吸水较一般, 是剩余油分布相对富集的部位。

7.2.2 单井储层质量划分

利用实测孔隙度、渗透率参数, 结合岩性和电性特征进行单井储层质量分类。从单井储层质量划分结果来看, Ⅰ类储层主要分布在扇三角洲前缘水下分流河道微相中, Ⅱ类和Ⅲ类储层主要分布在富砂质水下分流河道间 (图 7-3)。从粒度组成上来看, Ⅲ类储层相较Ⅱ类储层岩石中泥和粉砂等细颗粒成分含量更高, 储层物性更差 (图 7-3)。

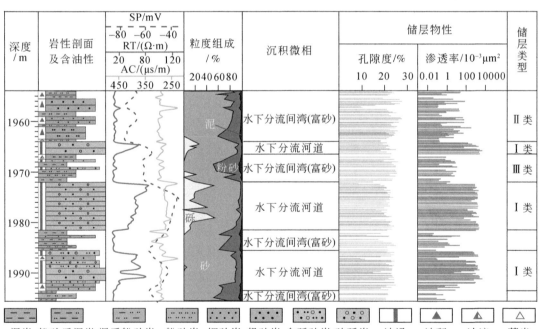

图 7-3 大民屯凹陷沈检 5 井 S_3^4 Ⅱ 油层组储层质量划分成果图

7.2.3 不同时期取心井储层特征对比

大民屯凹陷沈 84—安 12 试验区沈检 3 井于 1998 年完井, 之后完成的储层岩石学、储层孔隙度和渗透率等物性分析，可作为沙河街组沙三段水驱前的储层基本特征；而沈检 5 井是在 2015 年完井，可作为沙河街组沙三段水驱后的储层基本特征，以此两口取心井为例，探讨沙河街组沙三段水驱前后的储层特征变化（图 7-4、图 7-5）。

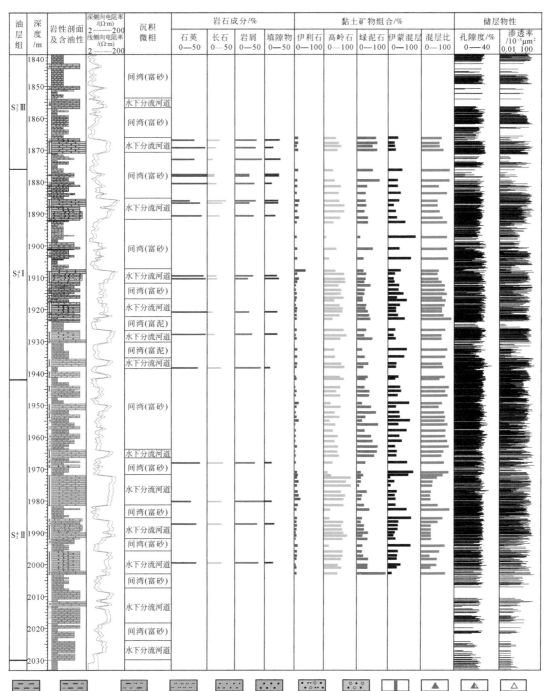

图 7-4　大民屯凹陷沈 84—安 12 试验区水驱后沈检 5 井 $S_3^4 II$ 和 $S_3^4 I$ 油层组储层变化特征

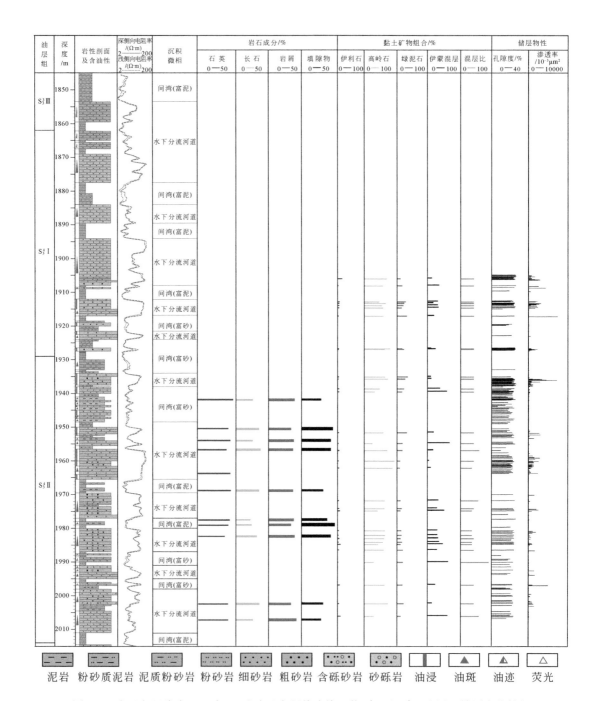

图 7-5　大民屯凹陷沈 84—安 12 试验区水驱前沈检 3 井 S$_3^4$ Ⅱ 和 S$_3^4$ Ⅰ 油层组储层变化特征

从岩石颗粒成分上看，水驱前后无明显变化。碎屑颗粒均以石英、岩屑、长石为主，填隙物类型相同。从自生黏土矿物组成来看，沈检 5 井目的层段伊蒙混层和绿泥石含量明显多于沈检 3 井，而高岭石含量少于沈检 3 井（图 7-4、图 7-5）。伊蒙混层遇水易膨胀，发生水敏。伊利石含量水驱前后无明显变化。

从储层物性来看，沈检 3 和沈检 5 井孔隙度无明显变化，但渗透率有一定的差异。沈检 5 井目的层段储层渗透率整体小于沈检 3 井，且渗透率小于 $1\times10^{-3}\,\mu m^2$ 的层段多于沈检 3 井，沈检 3 井孔渗物性特征优于沈检 5 井（图 7-4、图 7-5）。

参 考 文 献

曹晶晶 . 2020 . 致密砂岩储层构型研究——以广元工农镇须家河组野外露头为例 . 成都：成都理工大学 .

陈浩，黄继新，常广发，武军昌，孙天建 . 2018 . 基于全岩心 CT 的遗迹化石识别及沉积环境分析：以加拿大麦凯Ⅲ油砂区块为例 . 古地理学报，20（4）：703-712 .

陈欢庆，唐海洋，吴桐，刘天宇，杜宜静 . 2022 . 精细油藏描述中的大数据技术及其应用 . 油气地质与采收率，29（1）：11-20 .

陈善斌，李红英，刘宗宾，杨志成，刘斌 . 2018 . 扇三角洲前缘储层构型解剖与实践——以渤海湾 JX 油田东块为例 . 断块油气田，25（2）：172-176 .

陈翔，袁训来，周传明，陈哲 . 2018 . 湖北三峡地区埃迪卡拉系灯影组"蝌蚪状"遗迹化石 . 古生物学报，57（1）：1-10 .

陈振岩，陈永成，郭彦民，顾国忠，王丹 . 2007 . 大民屯凹陷精细勘探实践与认识 . 北京：石油工业出版社 .

邓程文，张霞，林春明，于进，王红，殷勇 . 2016 . 长江河口区末次冰期以来沉积物的粒度特征及水动力条件 . 海洋地质与第四纪地质，36（6）：185-198 .

丁奕，时敏敏，刘祎楠 . 2016 . 遗迹化石三维重建研究新进展 . 地层学杂志，40（4）：401-410 .

樊晓伊 . 2017 . 准噶尔盆地春光区块沙湾组地震沉积学分析及砂体结构研究 . 武汉：中国地质大学（武汉）.

范玉海，屈红军，王辉，杨县超，冯杨伟 . 2012 . 微量元素分析在判别沉积介质环境中的应用：以鄂尔多斯盆地西部中区晚三叠世为例 . 中国地质，39（2）：382-389 .

冯增昭 . 1994 . 沉积岩石学 . 2 版 . 北京：石油工业出版社 .

耿一凯，金振奎，赵建华，温馨，陈俊年，杜伟 . 2016 . 川东地区龙马溪组页岩黏土矿物组成与成因 . 天然气地球科学，27（10）：1933-1941 .

宫红波，孙耀庭，刘静，李辉 . 2019 . 济阳坳陷沾化凹陷沙一下亚段优质烃源岩成因分析 . 地质论评，65（3）：632-644 .

龚一鸣，胡斌，卢宗盛，齐永安，张国成 . 2009 . 中国遗迹化石研究 80 年 . 古生物学报，48（3）：322-337 .

关平 . 1989 . 辽河盆地第三系成岩作用与有机质成熟作用的关系 . 石油与天然气地质，10（1）：23-29 .

关平，张文涛，吴雪松，熊金玉 . 2006 . 江汉盆地白垩系渔洋组砂岩的成岩作用及其热力学分析 . 岩石学报，22（8）：2144-2150 .

侯贵卿，孙萍 . 2000 . 油气储层研究新动向 . 海洋石油，（103）：8-14 .

胡斌，陈传浩，王长征，常龙 . 2017 . 东濮凹陷文留地区沙三中（$Es_3^{中}$）遗迹化石与沉积环境 . 河南理工大学学报（自然科学版），36（3）：40-46 .

黄鹤，田洋 . 2009 . 大民屯凹陷古近系层序地层格架研究 . 石油天然气学报，31（3）：175-192 .

黄思静，谢连文，张萌，武文慧，沈立成，刘洁 . 2004 . 中国三叠系陆相砂岩中自生绿泥石的形成机制及其与储层孔隙保存的关系 . 成都理工大学学报（自然科学版），31（3）：273-281 .

回雪峰，管守锐，张凤莲，谢庆宾 . 2003 . 辽河盆地东部凹陷中段深层沙河街组沉积相 . 古地理学报，5（3）：291-303 .

纪友亮 . 2015 . 油气储层地质学 . 3 版 . 北京：石油工业出版社 .

贾爱林，郭智，郭建林，闫海军.2021.中国储层地质模型30年.石油学报，42（11）：1506-1515.

江凯禧，李晓光，李铁军，黄舒雅，张妮，赵雪培，夏长发，张新培，樊佐春，林春明.2021.大民屯凹陷古近系沙三段扇三角洲前缘沉积生物扰动特征.地质论评，67（2）：311-324.

姜建群，李军，史建南，李明葵.2004.大民屯凹陷古今地温场特征及其成藏意义.沉积学报，22（3）：541-546.

姜建群，宋力波，董慧娟.2008.大民屯凹陷油气充注史研究.西安石油大学学报（自然科学版），23（2）：24-27.

赖锦，王贵文，王书南，郑懿琼，吴恒，张永.2013.碎屑岩储层成岩相研究现状及进展.地球科学进展，28（1）：39-50.

李德生.2001.数字地球与碳酸盐岩储层地质学.天然气工业，21（5）：7-12.

李洪星，陆现彩，边立曾，许伟伟，李娟，张壮志，赵华平，宫红良.2009.有孔虫壳体内草莓状黄铁矿成因及其地质意义——以湖北雁门口地区栖霞组有孔虫化石为例.高校地质学报，15（4）：470-476.

李洪星，陆现彩，边立曾，马野牧，张雪芬，张壮志，丁子建.2012.草莓状黄铁矿微晶形态和成分的地质意义——以栖霞组含泥灰岩为例.矿物学报，32（3）：443-448.

李军生，林春明，毕建国，程敬，林海.2006.辽河盆地大民屯凹陷法哈牛构造太古界潜山成藏特征研究.特种油气藏，13（4）：27-30.

李明龙，陈林，田景春，郑德顺，许克元，方喜林，曹文胜，赵军，冉中夏.2019.鄂西走马地区南华纪古城期—南沱早期古气候和古氧相演化：来自细碎屑岩元素地球化学的证据.地质学报，93（9）：2158-2170.

李让彬，段金宝，潘磊，李红.2021.川东地区中二叠统茅口组白云岩储层成因机理及主控因素.天然气地球科学，32（9）：1347-1357.

李三忠，索艳慧，戴黎明，刘丽萍，金宠，刘鑫，郝天珧，周立宏，刘保华，周均太，焦倩.2010.渤海湾盆地形成与华北克拉通破坏.地学前缘，17（4）：64-89.

李维锋，高振中，彭德堂，王成善.2000.塔里木盆地库车坳陷中三叠统辫状河三角洲沉积.石油实验地质，22（1）：55-58.

李晓光，单俊峰，陈永成.2017.辽河油田精细勘探.北京：石油工业出版社.

李晓光，刘兴周，李金鹏，田志.2019.辽河坳陷大民屯凹陷沙四段湖相页岩油综合评价及勘探实践.中国石油勘探，24（5）：636-648.

李岩.2017.扇三角洲前缘储层构型及其控油作用——以赵凹油田赵凹区块核桃园组三段IV_3^1厚油层为例.岩性油气藏，29（3）：132-139.

李阳，廉培庆，薛兆杰，戴城.2020.大数据及人工智能在油气田开发中的应用现状及展望.中国石油大学学报（自然科学版），44（4）：1-11.

李应暹，卢宗盛，王丹.1997.辽河盆地陆相遗迹化石与沉积环境研究.北京：石油工业出版社.

梁鸿德，申绍文，刘香婷，陈文寄，李大明.1992.辽河断陷火山岩地质年龄及地层时代.石油学报，13（2）：35-41.

林承焰，张宪国，董春梅，任丽华，朱筱敏.2017.地震沉积学及其应用实例.青岛：中国石油大学出版社.

林春明.2019.沉积岩石学.北京：科学出版社.

林春明，张霞.2018.江浙沿海平原晚第四纪地层沉积与天然气地质学.北京：科学出版社.

林春明，黄志诚，朱嗣昭，李从先，蒋维三.1999.杭州湾沿岸地区晚第四纪地层沉积特征和沉积过程.地质学报，73（2）：110-120.

林春明，宋宁，牟荣，赵彦彦，汪亚军，杨德洲.2003.江苏盐阜拗陷晚白垩世浦口组沉积相与沉积演化. 沉积学报, 19 (4): 553-559.

林春明, 牟荣, 李广月, 赵彦彦. 2005. 江苏盐阜拗陷晚白垩世泰州组沉积相. 大庆石油学院学报, 29 (1): 12-18.

林春明, 冯志强, 张顺, 赵波, 卓弘春, 李艳丽. 2006. 松辽盆地北部晚白垩世青山口-姚家组层序地层界面特征. 西北大学学报 (自然科学版), 36 (增刊): 174-178.

林春明, 冯志强, 张顺, 赵波, 卓弘春, 李艳丽, 薛涛. 2007. 松辽盆地北部白垩纪超层序特征. 古地理学报, 2007, 9 (5): 619-634.

林春明, 张志萍, 李艳丽, 岳信东, 徐深谋, 张霞, 漆滨汶. 2009. 二连盆地白音查干凹陷早白垩世腾格尔组沉积特征及物源探讨. 高校地质学报, 15 (2): 19-34.

林春明, 张霞, 周健, 徐深谋, 俞昊, 陈召佑. 2011. 鄂尔多斯盆地大牛地气田下石盒子组储层成岩作用特征. 地球科学进展, 26 (2): 212-223.

林春明, 张霞, 于进, 李达, 张妮. 2015. 安徽巢湖平顶山西坡剖面下三叠统殷坑组沉积及地球化学特征. 地质学报, 89 (12): 2363-2373.

林春明, 张霞, 江凯禧, 黄舒雅, 张妮, 夏长发. 2019a. 高凝油油藏水驱后期储层精细描述与评价. 科研报告.

林春明, 王兵杰, 张霞, 张妮, 江凯禧, 黄舒雅, 蔡明俊. 2019b. 渤海湾盆地北塘凹陷古近系湖相白云岩地质特征及古环境意义. 高校地质学报, 25 (3): 377-388.

林春明, 张妮, 张霞, 张志萍, 李艳丽, 周健, 岳信东, 姚玉来. 2020. 陆相断陷盆地物源体系和沉积演化——以苏北高邮凹陷为例. 北京: 科学出版社.

林春明, 张霞, 赵雪培, 李鑫, 黄舒雅, 江凯禧. 2021. 沉积岩石学的室内研究方法综述. 古地理学报, 23 (2): 223-244.

林春明, 张霞, 黄舒雅. 2022. 晚第四纪下切河谷体系研究综述. 地质论评, 68 (2): 627-647.

林培贤, 林春明, 姚悦, 王兵杰, 李乐, 张霞, 张妮. 2017. 渤海湾盆地北塘凹陷古近系沙河街组三段白云岩中方沸石特征及成因. 古地理学报, 19 (2): 241-256.

林煜, 吴胜和, 岳大力, 闫军生, 李斌, 王丽琼. 2013. 扇三角洲前缘储层构型精细解剖——以辽河油田曙2-6-6区块杜家台油层为例. 天然气地球科学, 24 (2): 335-344.

刘春, 许强, 施斌, 顾颖凡. 2018. 岩石颗粒与孔隙系统数字图像识别方法及应用. 岩土工程学报, 40 (5): 925-931.

刘家林, 薛莹, 齐先有, 闫红星, 刘岩. 2017. 沈84—安12块高凝油注水开发后期原油变化特征. 特种油气藏, 24 (4): 136-141.

刘双莲, 李浩, 周小鹰. 2012. 大牛地气田大12—大66井区沉积微相与储层产能关系. 石油与天然气地质, 33 (1): 45-49, 60.

刘彦博, 严德天, 王华, 卢宗盛, 喻建新. 2009. 岐口凹陷新近系生物-遗迹相及环境解释. 地球科学 (中国地质大学学报), 34 (3): 412-418.

刘逸盛, 刘月田, 张琪琛, 郑文宽, 菅长松, 李广博, 薛艳鹏. 2020. 厚层碳酸盐岩油藏宏观物理模拟实验研究. 油气地质与采收率, 27 (4): 117-125.

刘自亮, 沈芳, 朱筱敏, 廖纪佳, 张修强, 孟昊. 2015. 浅水三角洲研究进展与陆相湖盆实例分析. 石油与天然气地质, 36 (4): 596-604.

楼章华, 袁笛, 金爱民. 2004. 松辽盆地北部浅水三角洲前缘砂体类型、特征与沉积动力学过程分析. 浙江大学学报 (理学版), 31 (2): 211-215.

卢宗盛, 郝朝坤, 马宏斌, 张兴华. 2003. 辽河油田陆相遗迹组构类型及其环境解释. 地质学报, 77 (1): 9-15.

逯向阳 . 2008 . 大民屯凹陷烃源岩有机质丰度的恢复 . 沉积与特提斯地质, 28 (4): 14-17.

罗蛰潭 . 1986 . 油气储集层的孔隙结构 . 北京: 科学出版社 .

孟卫工 . 2006 . 断陷盆地复杂斜坡带油气分布与成藏规律研究——以大民屯凹陷西部斜坡带为例 . 成都: 西南石油大学 .

牛永斌, 钟建华, 胡斌 . 2008 . 小尺度地质体三维建模研究——以遗迹化石 Chondrites 和岩心三维建模为例 . 古地理学报, 10 (2): 207-214.

潘峰, 林春明, 李艳丽, 张霞, 周健, 曲长伟, 姚玉来 . 2011 . 钱塘江南岸 SE2 孔晚第四纪以来沉积物粒度特征及环境演化 . 古地理学报, 13 (2): 236-244.

蒲秀刚, 赵贤正, 李勇, 陈蓉, 周立宏, 颜照坤, 肖敦清 . 2018 . 黄骅坳陷新近系古河道恢复及油气地质意义 . 石油学报, 39 (2): 163-171.

漆滨汶, 林春明, 邱桂强, 李艳丽, 刘惠民, 高永进 . 2006 . 东营凹陷古近系砂岩透镜体钙质结壳形成机理及其对油气成藏的影响 . 古地理学报, 6 (4): 519-530.

漆滨汶, 林春明, 邱桂强, 李艳丽, 刘惠民, 高永进, 茅永强 . 2007 . 山东省牛庄洼陷古近系沙河街组沙三段中部储集层成岩作用研究 . 沉积学报, 5 (1): 99-109.

秦承志 . 2003 . 辽河盆地生烃史的数值模拟 . 西安石油学院学报 (自然科学版), 18 (5): 17-22, 26.

裘亦楠 . 1992 . 中国陆相碎屑岩储层沉积学的进展 . 沉积学报, 10 (3): 16-24.

任建业 . 2018 . 中国近海海域新生代成盆动力机制分析 . 地球科学, 43 (10): 3337-3361.

任作伟 . 2007 . 辽河油田东部陷火山–侵入岩油气藏的储层特征及成藏机制研究 . 南京: 南京大学 .

申本科, 薛大伟, 赵君怡, 申艺迪, 张云霞, 沈琳 . 2014 . 碳酸盐岩储层常规测井评价方法 . 地球物理学进展, 29 (1): 261-270.

沈安江, 胡安平, 郑剑锋, 梁峰, 王永生 . 2021 . 基于 U-Pb 同位素年龄和团簇同位素 (Δ47) 温度约束的构造–埋藏史重建——以塔里木盆地阿克苏地区震旦系奇格布拉克组为例 . 海相油气地质, 26 (3): 200-210.

石岩 . 2014 . 大民屯凹陷成岩作用的分析研究及有利储层预测 . 大庆: 大庆石油学院 .

宋柏荣, 施玉华, 刘玉婷, 张静, 罗芬红 . 2017 . 辽河坳陷结晶基底岩性特征、含油性及测井识别 . 地质论评, 63 (2): 427-440.

宋慧波, 李娟, 胡斌 . 2019 . 华北盆地西部太原组遗迹化石组合对古水深变化的响应 . 古地理学报, 21 (6): 999-1012.

宋明水 . 2005 . 东营凹陷南斜坡沙四段沉积环境的地球化学特征 . 矿物岩石, 25 (1): 67-73.

苏建锋, 范代读, 冷伟, 陈玲玲, 印萍 . 2017 . 冰后期以来长江水下三角洲层序地层特征及沉积环境演化 . 古地理学报, 19 (3): 541-556.

孙乐, 王志章, 于兴河 . 2017 . 克拉玛依油田五 2 东区克上组扇三角洲储层构型分析 . 油气地质与采收率, 24 (4): 8-15.

孙中良, 王芙蓉, 侯宇光, 罗京, 郑有恒, 吴世强, 朱钢添 . 2020 . 盐湖页岩有机质富集主控因素及模式 . 地球科学, 45 (4): 1375-1387.

谭开俊, 卫平生, 潘建国, 张虎权 . 2010 . 火山岩地震储层学 . 岩性油气藏, 22 (4): 8-13.

汤戈, 柳飒 . 2016 . 歧北斜坡沙三段碎屑岩储集性能及其影响因素 . 地质学刊, 40 (4): 615-623.

童金南 . 1997 . 黔中–黔南中三叠世环境地层学 . 武汉: 中国地质大学出版社 .

王爱, 钟大康, 刘忠群, 王威, 杜红权, 周志恒, 唐自成 . 2020 . 川东北元坝西地区须三段钙屑致密砂岩储层成岩作用与孔隙演化 . 现代地质, 34 (6): 1193-1204.

王爱华, 叶思源, 刘建坤, 丁喜桂, 李华玲, 许乃岑 . 2020 . 不同选择性提取方法锶钡比的海陆相沉积环境判别探讨——以现代黄河三角洲为例 . 沉积学报, 38: 1-15.

王代富，罗静兰，陈淑慧，胡海燕，马永坤，李弛，柳保军，陈亮．2017．珠江口盆地白云凹陷深层砂岩储层中碳酸盐胶结作用及成因探讨．地质学报，91（9）：2079-2090．

王珏，陈欢庆，周俊杰，周新茂，杜宜静．2016．扇三角洲前缘储层构型表征——以辽河西部凹陷于楼为例．大庆石油地质与开发，35（2）：20-28．

王立武．2012．坳陷湖盆浅水三角洲的沉积特征——以松辽盆地南部姚一段为例．沉积学报，30（6）：1053-1060．

王敏杰，郑洪波，谢昕，范代读，杨守业，赵泉鸿，王可．2010．长江流域600年来古洪水：水下三角洲沉积与历史记录对比．科学通报，55（34）：3320-3327．

王全柱．2004．火成岩储层研究．西安石油大学学报（自然科学版），19（2）：13-16．

王濡岳，丁文龙，王哲，李昂，何建华，尹帅．2015．页岩气储层地球物理测井评价研究现状．地球物理学进展，30（1）：228-241．

王瑞飞，陈明强．2007．储层沉积–成岩过程中孔隙度参数演化的定量分析——以鄂尔多斯盆地沿25区块、庄40区块为例．地质学报，81（10）：1432-1440．

王文广，林承焰，张宪国，董春梅，任丽华，林建力．2021．东海盆地深层低渗–致密储层成岩数值模拟研究．第十六届全国古地理学及沉积学学术会议论文集．

王约，赵元龙，林日白，王萍丽．2004．贵州台江凯里生物群中遗迹化石（Gordia）与水母状化石（Pararotadiscus）的关系及其意义．地质论评，50（2）：113-119．

王志坤，王多云，郑希民，李凤杰，李树同，王峰，刘自亮．2003．陕甘宁盆地陇东地区三叠系延长统长6—长8储层沉积特征及物性分析．天然气地球科学，14（5）：380-385．

卫平生，雍学善，潘建国，高建虎，曲永强，桂金咏．2014．地震储层学的基本内涵及发展方向．岩性油气藏，26（1）：10-17+24．

吴崇筠，薛叔浩．1993．中国含油气盆地沉积学．北京：石油工业出版社．

吴胜和，纪友亮，岳大力，印森林．2013．碎屑沉积地质体构型分级方案探讨．高校地质学报，19（1）：12-22．

武毅，李铁军，赵洪岩．2017．辽河油田高效开发．北京：石油工业出版社．

夏刘文，曹剑，徐田武，王婷婷，张云献，边立曾，姚素平．2017．盐湖生物发育特征及其烃源意义．地质论评，63（6）：1549-1562．

谢家莹，蓝善先，张德宝，周茂，赵宇，许乃政．2000．运用火山地质学理论研究竹田头火山机构．火山地质与矿产，21（2）：87-95．

辛世伟．2009．辽河油田大民屯凹陷沈84—安12块沙三段微构造特征研究．大庆：大庆石油学院．

熊小辉，肖加飞．2011．沉积环境的地球化学示踪．地球与环境，39（3）：405-414．

徐杰，姜在兴．2019．碎屑岩物源研究进展与展望．古地理学报，21（3）：379-396．

徐深谋，林春明，王鑫峰，钟飞翔，邓已寻，吕小理，汤兴旺．2011．鄂尔多斯盆地大牛地气田下石盒子组盒2—3段储层成岩作用及其对储层物性的影响．现代地质，25（5）：617-624．

徐振华，吴胜和，刘钊，赵军寿，耿红柳，吴峻川，张天佑，刘照玮．2019．浅水三角洲前缘指状砂坝构型特征——以渤海湾盆地渤海BZ25油田新近系明化镇组下段为例．石油勘探与开发，46（2）：322-333．

许同海．2005．致密储层裂缝识别的测井方法及研究进展．油气地质与采收率，12（3）：75-78．

杨群慧，周怀阳，季福武，王虎，杨伟芳．2008．海底生物扰动作用及其对沉积过程和记录的影响．地球科学进展，9：932-941．

杨仁超．2006．储层地质学研究新进展．特种油气藏，13（4）：1-5，16．

杨式溥，张建平，杨美芳．2004．中国遗迹化石．北京：科学出版社．

杨延强, 吴胜和, 齐立新, 刘志家, 岳大力, 刘丽, 曲晶晶. 2014. 南堡凹陷柳赞油田沙三³亚段扇三角洲相构型研究. 西安石油大学学报 (自然科学版), 29 (5): 21-30.

于建国, 林春明, 杨云岭, 朱应科, 王金铎, 赵彦彦. 2002. 分流河道特征及其识别方法——以东营凹陷东部地区为例. 高校地质学报, 8 (3): 152-159.

于建国, 林春明, 王金铎, 郭亚, 张明振. 2003. 曲流河沉积亚相的地震识别方法. 石油地球物理勘探, 38 (5): 547-551.

于兴河. 2002. 碎屑岩系油气储层沉积学. 北京: 石油工业出版社.

曾庆鲁, 张荣虎, 卢文忠, 王波, 王春阳. 2017. 基于三维激光扫描技术的裂缝发育规律和控制因素研究——以塔里木盆地库车前陆区索罕村露头剖面为例. 天然气地球科学, 28 (3): 397-409.

张昌民, 尹太举, 朱永进, 柯兰梅. 2010. 浅水三角洲沉积模式. 沉积学报, 28 (5): 933-944.

张昌民, 尹太举, 赵磊, 尹艳树, 叶继根, 杜庆龙. 2013. 辫状河储层内部建筑结构分析. 地质科技情报, 32 (4): 7-13.

张翠萍, 杨博, 卜广平, 郑奎, 巩联浩, 杨晋玉. 2019. 胡尖山油田胡154密井网区单河道砂体定量表征. 非常规油气, 6 (2): 1-19.

张辉, 林春明, 崔颖凯. 2005. 三角洲沉积微相特征及其地震识别方法——以委内瑞拉卡拉高莱斯地区为例. 石油物探, 44 (6): 557-562.

张乐, 贺甲元, 王海波, 岑学齐, 陈旭东. 2021. 天然气水合物藏开采数值模拟技术研究进展. 科学技术与工程, 21 (28): 11891-11899.

张立军, 赵塈, 龚一鸣. 2015. 遗迹化石对显生宙5大生物-环境事件的响应. 地球科学(中国地质大学学报), 40 (2): 381-396.

张妮, 林春明, 俞昊, 姚玉来, 周健. 2011. 苏北盆地金湖凹陷腰滩地区阜宁组储层物性特征及其影响因素. 高校地质学报, 17 (2): 260-270.

张妮, 林春明, 周健, 陈顺勇, 张猛, 刘玉瑞, 董桂玉. 2012a. 苏北盆地高邮凹陷古近系戴南组一段元素地球化学特征及其地质意义. 地质学报, 86 (2): 269-279.

张妮, 林春明, 周健, 陈顺勇, 刘玉瑞, 董桂玉. 2012b. 苏北盆地高邮凹陷始新统戴南组一段稀土元素特征及其物源指示意义. 地质论评, 58 (2): 369-378.

张妮, 林春明, 俞昊, 张霞. 2015. 下扬子黄桥地区二叠系龙潭组储层特征及成岩演化模式. 地质学刊, 39 (4): 535-542.

张妮, 武毅, 张霞, 黄舒雅, 李铁军, 张新培, 林春明, 江凯禧, 夏长发. 2021. 辽河坳陷大民屯凹陷古近系沙河街组三段地球化学特征及其地质意义. 地质学报, 95 (2): 517-535.

张瑞香, 王杰, 孔雪. 2019. 扇三角洲前缘储层构型剖析——以辽河欢喜岭油田锦99块沙四上亚段为例. 中国科技论文, 14 (5): 497-505.

张绍槐, 罗平亚. 1993. 保护储集层技术. 北京: 石油工业出版社.

张天福, 孙立新, 张云, 程银行, 李艳锋, 马海林, 鲁超, 杨才, 郭根万. 2016. 鄂尔多斯盆地北缘侏罗纪延安组、直罗组泥岩微量、稀土元素地球化学特征及其古沉积环境意义. 地质学报, 90 (12): 3454-3472.

张文杰, 操应长, 王健, 葸克来, 徐琦松. 2019. 北三台凸起石炭系火成岩储层特征及其主控因素. 中国矿业大学学报, 48 (2): 353-366.

张霞, 林春明, 陈召佑, 周健, 潘峰, 俞昊. 2011a. 鄂尔多斯盆地镇泾区块延长组长8¹储集层成岩作用特征及其对储集物性的影响. 地质科学, 46 (2): 530-548.

张霞, 林春明, 陈召佑. 2011b. 鄂尔多斯盆地镇泾区块上三叠统延长组砂岩中绿泥石矿物特征. 地质学报, 85 (10): 1659-1671.

张霞, 林春明, 陈召佑, 潘峰, 周健, 俞昊 . 2012. 鄂尔多斯盆地镇泾区块上三叠统延长组长 8 油层组砂岩储层特征 . 高校地质学报, 18 (2): 328-340.

张霞, 林春明, 高抒, Robert W D, 曲长伟, 殷勇, 李艳丽, 周健 . 2013. 钱塘江下切河谷充填物沉积序列和分布模式 . 古地理学报, 15 (6): 839-852.

张霞, 林春明, 杨守业, 高抒, Dalrymple R W. 2018. 晚第四纪钱塘江下切河谷充填物物源特征 . 古地理学报, 20 (5): 877-892.

张志萍, 林春明, 李艳丽, 岳信东, 张霞, 徐深谋, 漆滨汶 . 2008. 内蒙古二连盆地白音查干凹陷达尔其地区下白垩统腾格尔组物源分析及沉积特征 . 古地理学报, 10 (6): 599-612.

赵澄林 . 1998. 储层沉积学 . 北京: 石油工业出版社 .

赵澄林 . 2000. 沉积学原理 . 北京: 石油工业出版社 .

赵明, 季峻峰, 陈振岩, 陈小明, 崔向东, 王延山 . 2011. 大民屯凹陷古近系高岭石亚族和伊/蒙混层矿物特征与盆地古温度 . 中国科学: 地球科学, 41 (2): 169-180.

赵贤正 . 2004. 渤海湾滩海地区构造和沉积特征及有利勘探区带 . 石油地球物理勘探, 39 (3): 348-353.

赵小明, 童金南 . 2010. 浙江煤山钻孔二叠–三叠系界线剖面遗迹化石的两幕式变化 . 中国科学: 地球科学, 40 (9): 1241-1249.

郑定业, 庞雄奇, 姜福杰, 刘铁树, 邵新荷, 李龙龙, 呼延钰莹, 国芳馨 . 2020. 鄂尔多斯盆地临兴地区上古生界致密气成藏特征及物理模拟 . 石油与天然气地质, 41 (4): 744-754.

钟大康, 朱筱敏, 张琴 . 2004. 不同埋深条件下砂泥岩互层中砂岩储层物性变化规律 . 地质学报, 78 (6): 836-871.

周长勇, 张启跃, 吕涛, 胡世学, 谢韬, 文芠, 黄金元 . 2014. 云南中三叠世罗平生物群产出地层的地球化学特征和沉积环境 . 地质论评, 60 (2): 285-298.

周健, 林春明, 张霞, 姚玉来, 潘峰, 俞昊, 陈顺勇, 张猛 . 2011. 高邮凹陷古近系戴南组一段物源体系和沉积体系研究 . 古地理学报, 13 (2): 161-174.

周健, 林春明, 张永山, 姚玉来, 陈顺勇, 张霞, 张妮 . 2012. 苏北盆地高邮凹陷联盟庄地区戴南组物源及沉积相研究 . 沉积与特提斯地质, 32 (2): 1-10.

周志澄, 杨昊, 李罡, 祝幼华, Willems H, 罗辉, 蔡华伟, 许波, 陈金华 . 2014. 四川广安谢家槽早三叠世遗迹化石及其古生态意义 . 古生物学报, 53 (1): 52-69.

朱筱敏, 潘荣, 赵东娜, 刘芬, 吴冬, 李洋, 王瑞 . 2013. 湖盆浅水三角洲形成发育与实例分析 . 中国石油大学学报 (自然科学版), 37 (5): 7-14.

朱筱敏, 杨海军, 潘荣, 李勇, 王贵文, 刘芬 . 2017. 库车拗陷克拉苏构造带碎屑岩储层成因机制与发育模式 . 北京: 科学出版社 .

朱筱敏, 董艳蕾, 曾洪流, 林承焰, 张宪国 . 2020. 中国地震沉积学研究现状和发展思考 . 古地理学报, 22 (3): 397-411.

朱毅秀, 单俊峰, 蔡国刚 . 2018. 辽河大民屯凹陷中央构造带太古宇变质岩储层岩性特征分析 . 吉林大学学报 (地球科学版), 48 (5): 1304-1315.

邹才能, 赵文智, 张兴阳, 罗平, 王岚, 刘柳红, 薛叔浩, 袁选俊, 朱如凯, 陶士振 . 2008. 大型敞流坳陷湖盆浅水三角洲与湖盆中心砂体的形成与分布 . 地质学报, 82 (6): 813-825.

Algeo T J, Kuwahara K, Sano H, Steven B, Lyons T, Elswick E, Hinnov L, Ellwood B, Moser J, Barry M J. 2011. Spatial variation in sediment fluxes, redox conditions, and productivity in the Permian-Triassic Panthalassic Ocean. Palaeogeograph, Palaeoclimatology, Palaeoecology, 308 (1-2): 65-83.

Ayranci K, Dashtgard S E, MacEachern J A. 2014. A quantitative assessment of the neoichnology and biology of a delta front and prodelta, and implications for delta ichnology. Palaeogeography, Palaeoclimatology,

Palaeoecology, 409: 114-134.

Baniak G M, Gingras M K, Burns B A, George P S. 2014. An example of a highly bioturbated, storm-influenced shoreface deposit: Upper Jurassic Ula Formation, Norwegian North Sea. Sedimentology, 61 (5): 1261-1285.

Bhatia M R. 1985. Rare earth element geochemistry of Australian Paleozoic graywackes and mudrocks: province and tectonic control. Sedimentary Geology, 45: 97-113.

Bhatia M R, Crook K A W. 1986. Trace element characteristics of graywackes and tectonic setting discrimination of sedimentary basin. Contributions to Mineralogy and Petrology, 92 (2): 181-193.

Bjørlykke K. 1998. Clay mineral diagenesis in sedimentary basins—a key to the prediction of rock properties. Examples from the North Sea Basin. Clay Minerals, 33: 15-34.

Brothers L A, Engel M H, Elmore R D. 1996. The late diagenetic conversion of pyrite to magnetite by organically complexed ferric iron. Chemical Geology, 130: 1-14.

Buatois L A, Mángano M G. 2011. Ichnology: organism-substrate interactions in space and time. Cambridge: Cambridge University Press.

Ceriani A, Di Giulio A, Goldstein R H, Rossi C. 2002. Diagenesis associated with cooling during burial: an example from Lower Cretaceous reservoir sandstones (Sirt Basin, Libya). AAPG Bulletin, 86 (9): 1573-1591.

Chuhan F A, Bjùrlykke K, Lowrey C. 2000. The role of provenance in illitization of eeply buried reservoir sandstones from Haltenbanken and north Viking Graben, offshore Norway. Marine and Petroleum Geology, 17: 673-689.

Corner G D, Fjalstad A. 1993. Spreite trace fossils (Teichichnus) in a raised Holocene fjord-delta, Breidvikeidet, Norway. Ichnos: an International Journal of Plant & Animal, 2 (2): 155-164.

Cullers R L. 2000. The geochemistry of shales, siltstones and sandstones of Pennsylvanian-Permian age, Colorado, USA: implications for provenance and metamorphic studies. Lithos, 51: 181-203.

Dutton S P. 2008. Calcite cement in Permian deep-water sandstones, Delaware Basin, west Texas: origin, distribution, and effect on reservoir properties. AAPG Bulletin, 92 (6): 765-787.

Fedo C M, Sircombe K N, Rainbird R H. 2003. Detrital zircon analysis of the sedimentary record. Reviews in Mineralogy and Geochemistry, 53: 277-303.

Fisk H N. 1954. Sedimentary framework of the modern Mississippi delta. Journal of Sedimentary Petrology, 24 (2): 76-99.

Frey R W, Pemberton S G. 1987. The Psilonichnus ichnocoenose, and its relationship to adjacent marine and nonmarine ichnocoenoses along the Georgia coast. Bulletin of Canadian Petroleum Geology, 35 (3): 333-357.

Gluyas J, Cade C A. 1997. Prediction of porosity in compacted sands//Kupecz J A, Gluyas J, Bloch S. AAPG Memoir 69: Reservoir Quality Prediction in Sandstones and Carbonates: 19-27.

Gorty G H. 1996. Provenance and depositional setting of Paleozoic chert and argillite. California J Sedi Res, 66 (1): 107-118.

Guan P, Wang D R, Wu T S. 1992. Generation and quantitative assessment of biogenic gas in the Liaohe Basin. Chinese Science Bulletin, 10: 851-855.

Hatch J R, Leven J S. 1992. Relationship between inferred redox potential of the depositional environment and geochemistry of the Upper Pennsylvanian (Missourian) Stark Shale Member of the Dennis Limestone, Wabaunsee County, Kansas, USA. Chemical Geology, 99: 21-24.

Hoffman J, Hower J. 1979. Clay mineral assemblages as low grade metamorphic geothermometers: application to the thrust faulted disturbed belt of Montana, USA//Scholle P A, Schluger P R. Aspects of Diagenesis. Society for Sedimentary Geology, Special Publication, Tulsa, Ok, United States: 55-79.

Holmes A. 1965. Principles of Physical Geology. New York: Romald Press Company.

Houseknecht D W. 1987. Assessing the relative importance of compaction processes and cementation to reduction of porosity in sandstones. AAPG Bulletin, 71: 501-510.

Huang S Y, Lin C M, Zhang X, Zhang N. 2021. Controls of diagenesis on the quality of shallowly buried terrestrial coarse-grained clastic reservoirs: a case study of the Eocene Shahejie Formation in the Damintun Sag, Bohai Bay Basin, Eastern China. Journal of Asian Earth Science, 221 (2021): 104950.

Irwin H, Curtis C, Coleman M. 1977. Isotopic evidence for source of diagenetic carbonates formed during burial of organic-rich sediments. Nature, 269: 209-213.

Kaufman A J, Knoll A H. 1995. Neoproterozoic variations in the C-isotope composition of seawater: stratigraphic and biogeochemical implications. Precambrian Research, 73: 27-49.

Latimer J C, Filippelli G M. 2001. Terrigenous input and paleoproductivity in the Southern Ocean. Paleoceanography, 16 (6): 627-643.

Li H X, Liu B, Liu X Z, Meng L N, Cheng L J, Wang H X. 2019. Mineralogy and inorganic geochemistry of the Es_4 shales of the Damintun Sag, northeast of the Bohai Bay Basin: implication for depositional environment. Marine and Petroleum Geology, 110: 886-900.

Liu Y F, Hu W X, Cao J, Wang X L, Tang Q S, Wu H G, Kang X. 2018. Diagenetic constraints on the heterogeneity of tight sandstone reservoirs: a case study on the Upper Triassic Xujiahe Formation in the Sichuan Basin, southwest China. Marine and Petroleum Geology, 92: 650-669.

Luis A B, Maria G M, Wu X T, Zhang G C. 1995. Vagorichnus, a new ichnogenus for feeding burrow systems and its occurrence as discrete and compound ichnotaxa in Jurassic lacustrine turbidites of Central China. Ichnos: an International Journal of Plant & Animal, 3 (4): 265-272.

Ma B B, Cao Y C, Eriksson K A, Jia Y C, Gill B C. 2017. Depositional and diagenetic controls on deeply-buried eocene sublacustrine fan reservoirs in the dongying depression, Bohai Bay Basin, China. Marine and Petroleum Geology, 82: 297-317.

Maruyama S. 1997. Pacific-type orogeny revisited: miyashiro-type orogeny proposed. The Island Arc, 6 (1): 91-120.

McIlroy D. 2004. Ichnofabrics and sedimentary facies of a tide-dominated delta: Jurassic Ile Formation of Kristin Field, Haltenbanken, offshore Mid-Norway. London: Geological Society, Special Publications, 228 (1): 237-272.

McLennan S M. 1993. Weathering and global denudation. The Journal of Geology, 101 (2): 295-303.

Miall A D. 1996. The Geology of Fluvial Deposits. New York: Springer: 75-178.

Miall A D. 2006. Reconstructing the architecture and sequence stratigraphy of the preserved fluvial record as a tool for reservoir development: a reality check. AAPG Bulletin, 90 (7): 989-1002.

Milliken K L, Land L S. 1993. The origin and fate of silt sized carbonate in subsurface Miocene-Oligocene mudstones, south Texas Gulf Coast. Sedimentology, 40 (1): 107-124.

Morad S. 1998. Carbonate cementation in sandstones: distribution patterns and geochemical evolution//Morad S. Carbonate cementation in sandstones. International Association of Sedimentologists Special Publication, 26: 1-26.

Morton A C, Whitham A G, Fanning C M. 2005. Provenance of Late Cretaceous to Paleocene submarine fan sandstones in the Norwegian Sea: integration of heavy mineral, mineral chemical and zircon age data. Sedimentary Geology, 182: 3-28.

Olariu C, Steel R J, Petter A L. 2010. Delta-front hyperpycnal bed geometry and implications for reservoir modeling: Cretaceous Panther Tongue delta, Book Cliffs, Utah. AAPG Bulletin, 94 (6): 819-845.

Paz D M, Richiano S, Varela A N, Dacál A R G, Poiré D G. 2020. Ichnological signatures from wave-and fluvial-dominated deltas: the La Anita Formation, Upper Cretaceous, Austral-Magallanes Basin, Patagonia. Marine and Petroleum Geology, 114: 104168.

Postma G. 1990. An analysis of the variation in delta architecture. Terra Nova, 2 (2): 124-130.

Reynolds R L. 1990. A polished view of remagnetization. Nature, 345: 579-580.

Riccardo A M L, Massimo M, Leone M. 2009. Potassic and ultrapotassic magmatism in the circum-Tyrrhenian region: significance of carbonated pelitic vs. pelitic sediment recycling at destructive plate margins. Lithos, 113 (1): 230-249.

Rudnick R, Gao S. 2003. Composition of the continental crust//Rudnick R L. Treatise on Geochemistry 3: The Crust. Amsterdam: Elsevier: 1-64.

Salem A M, Abdel-Wahab A, McBride E F. 1998. Diagenesis of shallowly buried cratonic sandstones, Southwest Sinai, Egypt. Sedimentary Geology, 119: 311-335.

Salem A M, Morad S, Mato L F, Al-Aasm I S. 2000. Diagenesis and reservoir-quality evolution of fluvial sandstones during progressive burial and uplift: evidence from the Upper Jurassic Boipeba Member, Recôncavo Basin, Northeastern Brazil. AAPG Bulletin, 84 (7): 1015-1040.

Seilacher A. 1967. Bathymetry of trace fossils. Marine Geology, 5: 413-428.

Seilacher A. 2007. Trace Fossil Analysis. Heidelberg: Springer.

Shackleton N J. 1974. Attainment of isotopic equilibrium between ocean water and the benthonic foraminifera genus Uvigerina: isotopic changes in the ocean during the last glacial. Colloques Int. C. N. R. S 219: 203-209.

Smith R M H, Mason T R, Ward J D. 1993. Flash-flood sediments and ichnofacies of the late Pleistocene Homeb Silts, Kuiseb River, Namibia. Sedimentary Geology, 85 (1-4): 579-599.

Suk D, Peacor D R, Van der Voo. 1990. Replacement of pyrite framboids by magnetite in limestone and implications for palaeomagnetism. Nature, 345: 611-613.

Surdam R C, Crossey L J, Hagen E S, Heasler H P. 1989. Organic-inorganic interactions and sandstone diagenesis. AAPG Bulletin, 73 (1): 1-23.

Taylor A M, Goldring R. 1993. Description and analysis of bioturbation and ichnofabric. Journal of the Geological Society, 150 (1): 141-148.

Taylor S R, McLennan S M. 1985. The continental crust: its composition and evolution: an examination of the geochemical record preserved in sedimentary rocks. Journal of Geology, 94 (4): 632-633.

Thyne G. 2001. A model for diagenetic mass transfer between adjacent sandstone and shale. Marine and Petroleum Geology, 18: 743-755.

Wang P, Liang J S, Zhao Z G. 2012. Diaoyu Islands folded-uplift belt evolution characteristics and its importance on the hydrocarbon exploration in East China Sea Basin. Petroleum Geology and Engineering, 26 (6): 10-14.

Warren J K. 2006. Evaporites: Sediments, Resources and Hydrocarbons. Berlin: Springer-Verlag.

Wei W, Algeo T J. 2020. Elemental proxies for paleosalinity analysis of ancient shales and mudrocks. Geochimica et Cosmochimica Acta, 287: 341-366.

Wilson M J. 1999. The origin and formation of clay minerals in soils: past, present and future perspectives. Clay Minerals, 34: 7-25.

Wu T Y, Fu Y T. 2014. Cretaceous deepwater lacustrine sedimentary sequences from the Northernmost South China Block, Qingdao, China. Journal of Earth Science, 25 (2): 241-251.

Yang Q H, Zhou H Y. 2004. Bioturbation in near surface sediments from the COMRA polymetallic Nodule Area: evidence from excess[210]Pb measurements. Chinese Science Bulletin, 49 (23): 2538-2542.

Yang T, Cao Y C, Friis H, Liu K Y, Wang Y Z, Zhou L L, Zhang S M, Zhang H N. 2018. Genesis and distribution pattern of carbonate cements in lacustrine deep-water gravity-flow sandstone reservoirs in the third member of the Shahejie Formation in the Dongying Sag, Jiyang Depression, Eastern China. Marine and Petroleum Geology, 92: 547-564.

Zhang N, Lin C M, Zhang X. 2014. Petrographic and geochemical characteristics of the Paleogene sedimentary rocks from the North Jiangsu Basin, Eastern China: implications for provenance and tectonic setting. Mineralogy and Petrology, 108: 571-588.

Zhang X, Lin C M, Cai Y F, Qu C W, Chen Z Y. 2012. Pore-lining chlorite cements in lacustrine deltaic sandstones from the Upper Triassic Yanchang Formation, Ordos Basin, China. Journal of Petroleum Geology, 35 (3): 273-290.

Zhang X, Lin C M, Dalrymple R W, Gao S, Li Y L. 2014. Facies architecture and depositional model of a macrotidal incised valley succession (Qiantang River estuary, eastern China), and differences from other macrotidal systems. Geological Society of America Bulletin, 126 (3-4): 499-522.

Zhang X, Dalrymple R W, Yang S Y, Lin C M, Wang P. 2015. Provenance of Holocene sediments in the outer part of the Paleo-Qiantang River estuary, China. Marine Geology, 366: 1-15.

Zhang X, Lin C M, Yin Y, Zhang N, Zhou J, Liu Y R. 2016. Sedimentary characteristics and processes of Paleogene Dainan Formation in the Gaoyou Depression, North Jiangsu Basin, eastern China. Petroleum Science, 13 (3): 385-401.

Zhang X, Dalrymple R W, Lin C M. 2018. Facies and stratigraphic architecture of the late-Pleistocene to early-Holocene tide-dominated Paleo-Changjiang (Yangtze River) delta. Geological Society of America Bulletin, 130 (3-4): 455-483.

Zhang X, Lin C M, Dalrymple R W, Yang S Y. 2021a. Source-to-sink analysis for the mud and sand in the late-Quaternary Qiantang River incised-valley fill and its implications for the delta-shelf-estuary dispersal system globally. Sedimentology, DOI: 10.1111/sed.12901.

Zhang X, Li X L, Garzanti E, Lin C M, Deng K. 2021b. Sedimentary geochemistry response to climate change on a millennial timescale in the Qiantang River incised-valley system, eastern China. Chemical Geology, 586: 120587.

Zhang Y, Jia D, Yin H W, Liu M C, Xie W R, Wei G Q, Li Y X. 2016. Remagnetization of lower Silurian black shale and insights into shale gas in the Sichuan Basin, south China. Journal of Geophysical Research: Solid Earth, 121: 491-505.